孩子爱吃的开胃家常菜

◎邱克洪 / 主编

黑龙江科学技术出版社
HEILONGJIANG SCIENCE AND TECHNOLOGY PRESS

图书在版编目（CIP）数据

孩子爱吃的开胃家常菜 / 邱克洪主编. -- 哈尔滨：黑龙江科学技术出版社，2021.7

ISBN 978-7-5719-0858-4

Ⅰ. ①孩… Ⅱ. ①邱… Ⅲ. ①家常菜肴－菜谱 Ⅳ. ①TS972.12

中国版本图书馆 CIP 数据核字 (2021) 第 044586 号

孩子爱吃的开胃家常菜

HAIZI AI CHI DE KAIWEI JIACHANGCAI

主　　编　邱克洪
策划编辑
封面设计　深圳·弘艺文化 HONGYI CULTURE
责任编辑　马远洋
出　　版　黑龙江科学技术出版社
地　　址　哈尔滨市南岗区公安街 70-2 号
邮　　编　150007
电　　话　（0451）53642106
传　　真　（0451）53642143
网　　址　www.lkcbs.cn
发　　行　全国新华书店
印　　刷　哈尔滨市石桥印务有限公司
开　　本　710 mm × 1000 mm　1/16
印　　张　13
字　　数　200 千字
版　　次　2021 年 7 月第 1 版
印　　次　2021 年 7 月第 1 次印刷
书　　号　ISBN 978-7-5719-0858-4
定　　价　39.80 元

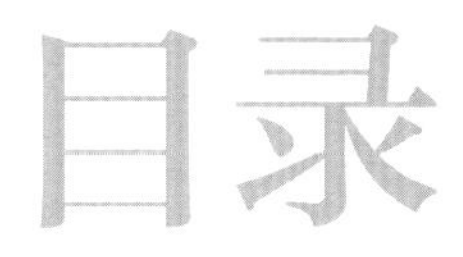

PART

营养膳食，孩子吃得好才能更健康

营养膳食对孩子健康的重要性 ~002~

儿童营养膳食中不可缺少的关键营养素 ~003~

蛋白质 ~003~

糖类 ~004~

脂质 ~004~

维生素 ~005~

矿物质 ~006~

儿童营养饮食原则 ~008~

1. 合理搭配，全面营养 ~008~

2. 不同年龄阶段营养需求不同 ~008~

3. 营养烹调，注重食物的色、香、味、形 ~008~

轻松解决儿童常见饮食问题 ~009~

1. 不爱吃饭，挑食 ~009~

2. 不爱吃青菜 ~010~

3. 肥胖 ~011~

目录

PART 2

美味畜肉，让孩子爱上吃肉

红烧狮子头 ~15~
肉末西芹炒胡萝卜 ~16~
大杂烩 ~18~
肉丸冬瓜汤 ~19~
猪肉包菜卷 ~20~
香葱煎肉 ~23~
鱼香肉丝 ~25~
西蓝花炒猪肉片 ~27~
山药焖红烧肉 ~29~
肉丸子白菜汤 ~30~
板栗排骨汤 ~31~
滋味萝卜骨 ~33~
香橙排骨 ~34~
老南瓜粉蒸排骨 ~37~
荷叶糯米粉蒸排骨 ~39~
糖醋小排骨 ~41~
豌豆炒牛肉粒 ~42~
卤牛肉 ~45~
红烧牛肉 ~46~
金蒜雪花牛肉粒 ~47~
南瓜烩牛肉 ~48~
香煎牛肉 ~49~
土豆焖牛腩 ~51~
胡萝卜土豆牛尾锅 ~52~
洋葱肥牛饭 ~53~
西湖牛肉羹 ~55~
海带牛肉汤 ~56~
鸡胸肉炒西蓝花 ~58~
鸡肉沙拉 ~59~
板栗焖鸡 ~61~
圣女果芦笋鸡柳 ~62~
鸡肉青菜沙拉 ~65~

CONTENTS

笋子炒鸡 ~66~
胡萝卜鸡肉茄丁 ~67~
宫保鸡丁 ~69~
烤鸡翅中 ~71~
彩椒炒鸡胸肉 ~73~
鸡米花 ~75~
香酥炸鸡块 ~76~
玉米胡萝卜鸡肉汤 ~77~
山药红枣鸡汤 ~78~
黑枣炖鸡 ~79~
花生炖羊肉 ~80~
羊肉虾皮汤 ~82~
五杯鸭 ~83~
鸭肉炒菌菇 ~84~
莲子炖猪肚 ~86~
丝瓜虾皮猪肝汤 ~87~

PART

鲜美水产，孩子吃了更聪明

腰果虾仁 ~91~
滑蛋大虾球 ~93~
蒜香虾球 ~94~
玉脂虾 ~97~
香炸虾 ~98~
菠萝洋葱炒虾仁 ~99~
香煎鱼肉 ~101~
三文鱼蔬菜沙拉 ~103~
鱿鱼丸子 ~104~
姜汁鲈鱼 ~107~

目录

炭烤生蚝 ~109~

韭黄炒牡蛎 ~110~

紫苏烧鱼 ~113~

炒蛏子 ~115~

板栗黄鳝 ~117~

蟹黄牛肉杂锦煲 ~119~

葱油海参 ~120~

双菇蛤蜊汤 ~121~

老南瓜焗鲍仔 ~123~

PART

可口禽蛋、豆制品，孩子百吃不厌

豆腐炒蔬菜 ~127~

豆腐狮子头 ~128~

豆腐炒玉米笋 ~131~

金针菇拌豆干 ~132~

酱拌嫩豆腐 ~133~

豆腐沙拉 ~135~

蟹仔荷包豆腐 ~137~

炸豆腐 ~139~

金沙豆花 ~141~

紫菜豆腐羹 ~142~

芹菜炒黄豆 ~144~

豆腐海带汤 ~145~

蔬菜蛋黄羹 ~146~

核桃蒸蛋羹 ~147~

胡萝卜西红柿鸡蛋汤 ~148~

鸡蛋炒百合 ~150~

西红柿炒鸡蛋 ~151~

CONTENTS

PART

健康蔬菜，让孩子伴着菜香长大

青菜钵 ~154~
蜂蜜蒸老南瓜 ~155~
奶油娃娃菜 ~156~
荷塘三宝 ~157~
栗焖香菇 ~158~
黄瓜生菜沙拉 ~160~
胡萝卜炒木耳 ~161~
木耳炒百合 ~163~
黑木耳炒黄花菜 ~164~
莲藕炒秋葵 ~165~
乳瓜桃仁 ~167~
玫瑰山药 ~168~
山药枸杞 ~169~
丝瓜炒山药 ~171~
百合芦笋核桃仁 ~173~
韭菜炒核桃仁 ~174~
腰果炒空心菜 ~176~
快乐憨豆 ~177~
鱼香茄盒 ~179~
青豆烧茄子 ~180~
圣诞树 ~183~
红油青豇豆 ~184~
清炒菠菜 ~185~
白灼菜心 ~186~
西红柿烩花菜 ~187~
香菇油菜 ~189~
杂蔬丸子 ~190~
西红柿拌汤 ~193~
香菇扒生菜 ~194~
白果芥蓝 ~197~
水果沙拉 ~199~
凉拌紫甘蓝 ~200~

PART 1

营养膳食，孩子吃得好才能更健康

营养膳食对孩子健康的重要性

“民以食为天”，饮食是人们赖以生存和发展的基础，从古至今，人们对饮食都是如此注重。如今，生产方式的不断变革，改变着人们的生活方式，也影响着人们的身心健康。随着人们生活水平的不断提高，营养过剩及不合理的问题也日益突显。

食物与营养是人类生存的基本条件，营养状况是影响人口素质的重要因素，直接影响着孩子的体能与智能发育。儿童时期是人生长发育的关键时期，此时期孩子生长发育迅速，新陈代谢旺盛，大脑和神经系统逐渐发育完成，骨骼处于骨化过程，身体各器官逐渐成熟，所需要的能量和各种营养素相应增加。如果饮食不合理，营养摄入不均衡，就会影响他们正常的生长发育。

营养不良可致幼儿体格发育和智力发育迟缓，智力活动和学习耐受力下降；而营养过剩可致肥胖，进而诱发高血压、心脏病、脑血管病等严重危害生命和健康的疾病。合理的营养才是身心健康的物质基础，才能促进幼儿生长发育，体质才能强壮，精神才会饱满，并可增进长大后的健康和预防成年期的某些严重疾病。

合理的营养才能保证孩子的身心健康，而平衡合理的膳食又是摄取合理营养的唯一途径。因此，只有为孩子提供营养均衡的膳食，才能满足孩子身体发育过程中对各种营养素的需要，孩子才能健康成长。

儿童营养膳食中不可缺少的关键营养素

蛋白质

蛋白质是构成人体细胞的主要成分与组成各器官的重要原料，身体的皮肤、肌肉、神经、血液等都是由蛋白质构成的，它对维持体内酸碱平衡和水分的正常分布也有重要的作用。孩子体内新陈代谢中起到催化作用的酶、调节生长和代谢的各种激素以及有免疫功能的抗体都是由蛋白质构成的。

蛋白质根据其来源，可分为动物性蛋白质和植物性蛋白质两大类。动物蛋白质所含的必需氨基酸种类齐全，比例合理。所以，孩子的膳食中应补充适量的动物蛋白质，如奶、蛋、鱼、肉等。但动物性食品所含脂肪、胆固醇较高，尤其是猪肉等红肉。而豆类蛋白质的营养价值可媲美动物蛋白，且不含胆固醇，是很好的蛋白质来源。另外，豆类蛋白中丰富的赖氨酸尤其有助于儿童的生长发育。

蛋白质的主要食物来源：牛奶、羊奶、牛肉、羊肉、猪肉、鸡肉、鸡蛋、鱼、虾、蟹、黄豆、大青豆、黑豆、芝麻、瓜子、核桃、杏仁、松子等。

糖类

糖类是每日提供身体活动所需能量的重要来源，起到保持体温、促进新陈代谢、驱动肢体运动、维持大脑及神经系统正常功能的作用。特别是大脑的功能，完全靠血液中的糖类氧化后产生的能量来支持。糖类还含有一种不被消化的纤维，有吸水和吸脂的作用，有助于大便通畅，预防便秘。

膳食中缺乏糖类时，人会感到全身无力、精神不振，有的还会出现便秘现象。而且由于热量不足，会引起体温下降，表现为正常的温度下也畏寒怕冷。如果长期得不到足够的糖类，人体发育会迟缓甚至停止，体重也会下降。

糖类的主要食物来源：谷物（如水稻、小麦、玉米、大麦、燕麦、高粱等）、水果（如甘蔗、甜瓜、西瓜、香蕉、葡萄等）、干果类、干豆类、根茎蔬菜类（如胡萝卜、番薯等）等。

脂质

脂质可细分为中性脂肪和类脂两大类，前者是能量的重要来源，后者是一些重要的生理活动的参与者。脂肪酸是脂质的基本单元，依结构不同可以分为饱和脂肪酸及不饱和脂肪酸。其中，不饱和脂肪酸又可分为单元不饱和脂肪酸与多元不饱和脂肪酸。脂肪酸还可依体内合成情况的不同而分为非必需脂肪酸和必需脂肪酸，前者人体可自行合成，后者人体无法自行合成，须借由摄取食物才能获得，有“维生素 F”之称，由此可见其重要性。必需脂肪酸依其化学结构分为 ω-3 脂肪酸与 ω-6 脂肪酸，前者包括次亚麻油酸、EPA 和 DHA，后者则包括亚麻油酸和花生四烯酸。这些必需脂

肪酸维系着人的身体发育和皮肤的健康，亦在视觉系统和大脑的发育中扮演重要角色，对幼儿而言尤其如此。正常情况下，人体每日消耗的热量，有1%～2%来自必需脂肪酸。

脂质的主要食物来源：饱和脂肪酸主要来源于肉类、乳类、蛋，不饱和脂肪酸主要来源于花生、核桃、大豆、橄榄等产油植物。

维生素

维生素可分为水溶性维生素，包括维生素 C 及 B 族维生素；脂溶性维生素，包括维生素 A、维生素 D 等。前者易溶于水，吸收后在体内贮存较少，因此体内缺乏时，身体很快会出现症状，过量则会从尿液排出；后者不易溶于水，常随脂肪被人体吸收并储存在体内。

维生素 A 可以维持呼吸道、消化道、皮肤、眼睛、生殖泌尿系统等上皮细胞完整和功能健全，使其具有分泌黏液的功能，因此有助于增加抵抗力，能维持眼角膜的健康，能促进伤口愈合及肌肉、骨骼和牙齿的正常生长。

维生素 D 可以帮助钙、磷的吸收和利用，促进肌肉、牙齿与骨骼之间的正常发育，并调节血液中含钙的浓度。晒太阳时，体内可自行合成部分维生素D。

维生素 E 可以使脑部时时刻刻保持灵活与清醒，促进敏捷的思考能力。还能清除自由基，防止细胞膜上的不饱和脂肪氧化，避免组织受伤而影响生理功能。维生素 E 亦能防止维生素 A 和维生素 C 被氧化。

维生素 C 能保持骨骼健康，还能够帮助铁质的吸收。维生素 C 以胆固醇为原料，形成胆酸；能促进胶原的形成，是肌肉、骨骼、皮肤、血管和细胞间质构成的成分，可维持体内结缔组织、骨骼和牙齿的生长。

维生素的主要食物来源：

维生素A：绿叶蔬菜、黄色蔬菜、黄色水果等，如菠菜、豌豆苗、青椒、胡萝卜、南瓜、杏等。

维生素B_2：动物内脏、禽蛋类、奶类、豆类及绿叶蔬菜等。

维生素B_6：蛋黄、麦胚、麦芽、动物肝脏、肉类、牛奶、奶酪、大豆、谷类、燕麦、花生、核桃等。

维生素B_{12}：动物肝脏、肉类、蛋类、牡蛎等食物中含量较丰富。

维生素C：猕猴桃、枣类、柚、橙、草莓、柿子、番石榴、山楂、龙眼、芒果、苹果、葡萄、雪里蕻、苋菜、青蒜、蒜苗、香椿、菜花、苦瓜、甜椒、荠菜等。

维生素D：天然的维生素D来自动物和植物，如鱼肝油、鱼子、蛋黄、奶类、酵母、干菜等；人体皮下组织中，有一种胆固醇经日光中紫外线的直接照射后，也可以转变为维生素D。

维生素E：各种植物油（如玉米油、花生油、芝麻油等）、谷物胚芽、许多绿色植物、肉、奶油、奶、蛋等。

矿物质

矿物质是构成人体全身从里至外的重要物质，对身体健康起决定性作用。矿物质是指将食物或有机体组织燃烧后残留在灰分中的化学元素，除了碳、氢、氮和氧之外，这些化学元素又称为无机盐，也是生物所必需的化学元素。人体内必需的主要矿物质有钙、磷、铁、锌等。

钙是构成骨骼和牙齿的主要成分，能调节心跳和肌肉的收缩，可抑制脑细胞异常放电，稳定情绪，促进良好的睡眠，减轻身体疲劳，增强抵抗力，还能帮助正常的血液凝固。当幼儿缺乏钙质时可能出现肌肉抽筋、精神紧绷、夜间磨牙等症状。

磷是构成骨骼、牙齿、软组织、遗传物质以及多种酶的主要成分，可帮助葡萄糖、脂肪和蛋白质的代谢，是体内磷酸盐的重要元素，具有缓冲作用，以维持血液、体液的酸碱平衡。

铁是组成血红素和体内部分酵素的主要元素，能促进生长，预防贫血、神经衰弱、疲惫、胃溃疡与食欲不振。在摄取铁的同时，食用富含维生素 C 的蔬果，能增加人体对铁的吸收率。

锌可促进儿童发育和提高智力，存在于蛋白质和各种金属中，细胞内的锌浓度变化可调节免疫功能，影响味觉，缺锌会导致食欲下降、生长发育慢、伤口愈合慢等。锌、铜和锰共同维持超氧化物歧化酶的活性，负责清除自由基，稳定细胞膜的结构与功能，避免红细胞破裂造成贫血。

矿物质的主要食物来源：

钙：乳制品，包括牛奶、羊奶、奶酪、酸奶等；豆制品，包括大豆、黑豆、豆腐、腐乳、豆腐皮、豆浆等；海鲜，包括鱼、虾、海参等；肉和蛋，包括牛肉和羊肉、鸡蛋、鸭蛋等；绿色蔬菜，如芹菜、油菜等。

磷：瘦肉、鸡蛋、奶、动物肝肾、粮谷类、干豆类以及海带、紫菜、花生等。

铁：猪肝、猪血、牛肉、鸡蛋、大豆、海藻类、芝麻、黑木耳、香菇、绿色蔬菜等。

锌：牡蛎、动物肝脏、动物血、瘦肉、枸杞、西蓝花、蛋、粗粮、核桃、花生、西瓜子、板栗等。

儿童营养饮食原则

1. 合理搭配，全面营养

儿童膳食应当由五部分组成：谷物和薯类、乳制品、鱼肉禽蛋类、豆类及其制品、蔬菜和水果。根据儿童营养膳食宝塔结构，儿童每日膳食中谷类薯类及杂豆应为250～400克，畜禽肉类50～75克，鱼虾类50～100克，蛋类25～50克，蔬菜类300～500克，水果类200～400克，奶类及奶制品300克，大豆类及坚果类30～50克。家长在给孩子配餐时要按照相应的比例，合理搭配三餐。

2. 不同年龄阶段营养需求不同

幼儿时期处于生长发育的高峰，对各种营养成分的摄取，在种类和数量上要有充分的保障，做到高蛋白、高热量、高维生素，适量脂肪，全面而均衡。特别是在孩子的膳食中通常容易缺乏铁元素和钙元素，而能量、高蛋白、维生素D和钙的摄入不足都能导致身体的其他不良反应，同样对骨骼的生长发育也有影响。不管是哪个年龄段的孩子，膳食一定要均衡，要荤素搭配、粗细搭配，养成良好的饮食习惯，尽量少吃甜食、小零食，少喝饮料，这样才能保证营养，健康成长。

3. 营养烹调，注重食物的色、香、味、形

儿童饮食口味以清淡为佳，避免过咸和过分油腻。油炸食物不易消化，不宜过多进食，刺激性食物也应尽量少吃。注意保证食物的新鲜，防止在烹调过程中损失过多的营养素。家长可以根据孩子的年龄特点精心烹调各种食品，做到色泽美观、外形新颖，这样才能勾起孩子的食欲，充分调动孩子视觉、嗅觉等感官来参与品尝食物。色彩协调、香味扑鼻、味道鲜美、造型独特的食物，能引起儿童中枢神经的兴奋，诱发愉悦感，引导孩子愉快进餐。切忌食物品种单调，每餐雷同，使小儿产生厌恶心理。避免养成零食吃得太多、偏食、挑食等不良习惯，保证每日三餐食欲旺盛。

轻松解决儿童常见饮食问题

1. 不爱吃饭，挑食

现在生活条件越来越优越，很多家长把孩子养得比较“娇贵”，这其实是不好的，其中一个结果就是造成孩子挑食。孩子一旦挑食，身体的营养不均衡，不能为孩子的茁壮成长提供良好的动力，对孩子的生长发育非常不利，甚至会导致营养不良。还有很多家长抱怨自己的孩子不喜欢吃饭,吃一顿饭拖拖拉拉花上很长时间，最后吃进去的饭菜都是凉的。孩子为什么不爱吃饭呢？究其原因，大概有这几个方面：

从小喂养过剩。家长总认为孩子摄入的营养不够，从而忽视了孩子对于食物的需求量，过多喂食会造成孩子产生厌食的情绪，甚至还会伤害孩子的脾胃，长此以往，孩子会变得越来越不爱吃饭。

不适当的零食影响了正餐。香甜、酥脆口味的零食正是孩子们所喜爱的，一些家长经常抵不过孩子的索求，蛋糕、饮料、糖果等零食孩子经常吃得嘴停不下来，胃得不到休息，到了该吃正餐的时候也就没有胃口了。

微量元素缺乏。如果3岁以上的孩子挑食和厌食，身材比较瘦小，个子也比同龄人矮一截，家长就要考虑孩子可能是长期厌食导致微量元素缺乏。建议带孩子去医院做个检查。如果孩子体内缺乏微量元素，就会导致贫血、厌食、挑食等各种毛病。

家长如何改善孩子不爱吃饭这一问题呢？

饮食定时定量。定时、定点进食会使孩子形成条件反射，每当临近吃饭时，他的消化系统便会活动起来，产生饥饿感，从而为进食做好准备。

让孩子专心进食。有些孩子吃饭的时候爱看电视，或者边吃边玩儿，这对孩子的身体健康很不好。就餐时应关闭电视，收好玩具。让孩子洗净双手，安静地坐在餐桌前和家人一起专心吃饭，这样还能让孩子保持好心情，食欲也就大增。

讲究烹调方法。家长可以多花点心思研究食谱，经常变换食物的烹调方法，以外观吸引孩子，改善食物的色、香、味，提高孩子的进食兴趣，促进食欲。对于挑食的孩子，家长可以试着改变食物的形态，不妨试着帮这些食物“变装”，如果孩子最近对白水煮鸡蛋失去了兴趣，不妨变个花样做鸡蛋，如蛋炒饭、鸡蛋饼等，甚至还可以试着烹制好看又营养的儿童餐，用健康的食材摆出卡通造型。

坚决杜绝餐前零食。有些孩子每天在正餐之间要吃许多高热量的零食，所以到了正餐时间他根本就没有胃口吃饭，而过后又要以点心零食充饥，这样就形成了一个恶性循环。正餐前一个小时，建议不要给孩子补充零食，以免影响食欲。孩子平时吃的零食也应选择热量不太高的，薯片、碳酸饮料等零食的热量非常高，而且对孩子的健康非常不利。

2. 不爱吃青菜

青菜本身的味道，既不像肉类那样鲜美，也不如水果那样酸甜可口，这导致很多孩子尝过了更“好吃”的肉、水果和零食后，就不怎么爱吃青菜。如今，孩子不爱吃青菜是一个相当普遍的问题。

孩子不爱吃青菜，可能有这几种原因：

因为味道。很多青菜有自己特有的味道，许多孩子不喜欢这一味道，导致不爱吃这种青菜。

因为口感。青菜含有较多纤维素，一般不好咀嚼，所以孩子不爱吃。

因为心理因素。这大多是由家长造成的， 有时候孩子在第一次尝试某种蔬菜时留下了不好的印象，导致之后不愿意再接受这种蔬菜。 或是有些大人会用半强迫的方式，让孩子更排斥、更讨厌青菜。

家长不妨试试这几个小妙招，让孩子爱上吃青菜。

青菜做出新花样。大多数家长就是把青菜简单地炒一炒，每顿饭都是这样，青菜永远是那样的口感、那样的味道，孩子当然不喜欢。孩子天生就喜欢尝试新鲜事物，只要家长变着花样做青菜，孩子也是很乐意尝试的。例如，可以将蔬菜做成蔬菜饼，或者加水果一起榨成蔬果汁。

让孩子参与烹饪过程。人都希望自己的劳动成果得到肯定，让孩子参与青菜烹调的过程，既能锻炼他的动手能力，又能让他在餐桌上吃得津津有味，何乐而不为呢？

多鼓励，不强迫，让孩子逐渐尝试某些蔬菜。很多孩子不爱吃某些蔬菜，如芹菜、香菜等。这时候父母不管是诱惑还是强迫孩子，都无济于事，孩子很难乖乖地吃下去。家长要多用鼓励的方式，循序渐进。开始可以让孩子只吃一口，只吃一口无论如何还是不难接受的。家长也要守信用，吃一口以后就决不再强迫孩子吃第二口，除非他自己愿意。下次可以让他尝试吃两三口，慢慢地，孩子就会觉得这个菜也没有那么难吃，逐渐地就接受了这种蔬菜。

荤素搭配。有些家庭做饭喜欢素菜是素菜、肉菜是肉菜，两者分得很清楚。但如果孩子只爱吃肉不爱吃菜，不如采用荤素搭配的方式，让蔬菜也有肉类的香味，孩子吃起来更可口，也更容易接受。

3. 肥胖

很多家长认为孩子正处于长身体的时候，老担心补充的营养不够，还有的家长认为好的食物应该吃得越多越好，给孩子做很多营养餐。其实这样做是不对的，很容易导致营养过剩。营养过剩体重就会超标，成年后患糖尿病、高血压、冠心病、胆石症、痛风等疾病的危险性也就越大，还会导致儿童性早熟的情况，对健康不利。如今，小孩子的肥胖率在以惊人的速度上升，家长应该引起重视。避免出现营养过剩，家长应该做到以下几点：

控制营养摄入。儿童期出现营养过剩多为对营养食物摄入过量引起，家长要适当控制孩子的食量，并限制每天摄入量，可以采用少食多餐的方式。

养成良好的饮食习惯。从小培养孩子不吃或少吃零食的习惯，不要用食物作为奖励。培养孩子喝白开水的习惯，拒绝碳酸饮料。严格限制肥肉、油炸食品、奶油食品和含奶油的冷饮、果仁、糖果及高糖饮料、甜点、洋快餐和膨化食品等，让宝宝远离高脂肪、高热量食品。

增加运动量。从小培养孩子热爱运动，让孩子多参加各类体育活动，或帮助父母做家务，不要长时间看电视、玩游戏。

PART 2

美味畜肉，让孩子爱上吃肉

补肾养血、滋阴润燥

红烧狮子头

原料

肉末◎200克
鸡蛋◎1个
马蹄肉◎50克
小油菜◎50克
姜末◎适量
葱末◎适量

调料

食盐◎6克
冰糖◎5克
生抽◎5克
老抽◎5克
蚝油◎6毫升
黄酒◎10毫升
水淀粉◎适量
食用油◎适量

做法

1 马蹄肉切末；小油菜洗净后对半切开。

2 锅中注入适量清水烧开，放入小油菜，焯至断生，捞出，装入碗中待用。

3 取一个干净的碗，倒入肉末，放入葱末、姜末、盐3克、鸡蛋、水淀粉、少许黄酒拌匀，顺一个方向多搅拌片刻，使其上劲。

4 倒入马蹄肉，继续搅拌片刻，使其具有黏性，制成肉馅。

5 抓一把肉馅团成大丸子。

6 锅里放少许食用油，把丸子小心地放进去，中小火慢煎至表面金黄，关火待用。

7 砂锅中注入适量清水，放入生抽、老抽、蚝油、黄酒、盐、冰糖，煮开后转小火，放入煎好的丸子，中火烧开后转小火慢炖半个小时。

8 关火，将丸子盛入装有小油菜的碗中，浇上汤汁即可。

益肝明目、健脾除疳、增强免疫力

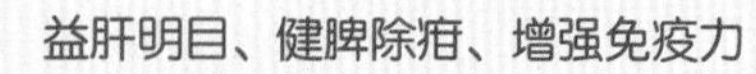

肉末西芹炒胡萝卜

原料

西芹◎160克
胡萝卜◎120克
肉末◎65克

调料

料酒◎4毫升
盐◎2克
鸡粉◎2克
水淀粉◎4毫升
食用油◎适量

做法

1 洗净的西芹切条形，再切成粒。

2 洗净去皮的胡萝卜切片，再切条，改切成粒，备用。

3 锅中注入适量清水烧开，倒入胡萝卜，煮至断生，捞出，沥干水分，待用。

4 用油起锅，倒入肉末，快速翻炒至变色。

5 淋入料酒，翻炒出香味，倒入西芹，炒匀。

6 再放入胡萝卜，翻炒片刻至其变软。

7 加入适量盐、鸡粉、水淀粉，炒至食材入味。

8 关火后盛出炒好的菜肴即可。

促进生长发育、通利肠胃

大杂烩

原料

五花肉◎100克
水发木耳◎30克
娃娃菜、水发腐竹◎各50克
面条◎100克
葱段、蒜片◎各适量
干辣椒◎适量

调料

盐、鸡粉◎各3克
生抽、老抽◎各5毫升
食用油◎适量

做法

1 五花肉切片；水发木耳切小块；水发腐竹切长段；娃娃菜撕成大瓣；干辣椒切圈。

2 面条放入沸水锅中煮熟，捞出，过凉水，待用。

3 热锅注油，放入蒜片、葱段爆香，放入五花肉片煎至微黄。

4 加入木耳、腐竹，翻炒片刻。

5 加入娃娃菜、干辣椒，翻炒至熟软，倒入面条，快速翻炒匀。

6 加入盐、鸡粉，炒匀调味，再倒入生抽、老抽，翻炒至入味。

7 关火后将炒好的菜肴盛入碗中即可。

补肾养血、滋阴润燥、补中益气

肉丸冬瓜汤

原料

冬瓜◎500克

五花肉末◎250克

葱花◎10克

调料

盐◎3克

鸡粉◎2克

淀粉◎10克

做法

1 洗净的冬瓜去皮，切小块。

2 五花肉末装碗，倒入盐、鸡粉、淀粉，搅拌均匀，腌渍10分钟至入味。

3 将腌好的肉末捏成肉丸，装碗待用。

4 取出电饭锅，打开盖子，通电后倒入肉丸，放入切好的冬瓜，倒入适量清水至没过食材。

5 盖上盖子，按下“功能”键，调至“蒸煮”状态，煮20分钟至食材熟软入味。

6 按下“取消”键，打开盖子，倒入葱花，搅拌均匀。

7 断电后将煮好的汤装碗即可。

健胃消食、生津止渴、清热解毒

猪肉包菜卷

原料

肉末◎60克
包菜◎70克
西红柿◎75克
洋葱◎50克
蛋清◎40克
姜末◎少许

调料

盐◎2克
水淀粉◎适量
生粉◎少许
番茄酱◎少许
食用油◎适量

做法

1 锅中注入适量清水烧开，放入洗净的包菜，拌匀，煮约2分钟至其变软，捞出，沥干水分，放凉，修整成长方形，待用。

2 洗好的西红柿切开，去皮，切碎；洗净的洋葱切片，改切成丁。

3 取一个大碗，放入西红柿、肉末、洋葱，撒上姜末，加入盐，淋入部分水淀粉，拌匀制成馅料。

4 蛋清中加入生粉，拌匀待用。

5 取包菜，放入适量馅料，卷成卷，用蛋清封口，制成数个生坯，装入盘中待用。

6 蒸锅上火烧开，放入蒸盘，盖上盖，用中火蒸约20分钟，取出待用。

7 用油起锅，加入少许番茄酱，炒匀，倒入少许清水，快速拌匀，淋入剩余水淀粉，搅拌均匀，制成味料。

8 关火后盛出味料，浇在蒸好的包菜卷上即可。

补肾滋阴、改善缺铁性贫血

香葱煎肉

原料

猪瘦肉◎250克
葱段◎适量
葱花◎少许

调料

料酒◎5毫升
海鲜酱◎6毫升
蚝油◎6毫升
食用油◎适量

做法

1 洗净的猪瘦肉切成厚一点儿的片，装入碗中，倒入料酒、海鲜酱、蚝油，搅拌均匀，腌渍2小时。

2 平底锅烧热，倒入食用油，放入葱段，煎出葱香味。

3 放入腌渍好的肉片，用中小火煎熟。

4 关火，将煎好的肉片夹出，撒上葱花即可。

促进新陈代谢、补铁补血

鱼香肉丝

原料

猪里脊◎150克
水发黑木耳◎30克
胡萝卜◎50克
玉兰片◎30克
彩椒◎30克
姜末◎适量
蒜末◎适量

调料

盐◎3克
白糖◎3克
料酒◎5毫升
醋◎5毫升
生抽◎5毫升
淀粉◎适量
食用油◎适量

做法

1 黑木耳切成丝；玉兰片切成丝；胡萝卜去皮后切丝；彩椒去籽，切成丝。

2 猪里脊洗净后切成丝，装入碗中，加入少许盐、料酒和淀粉搅匀，腌渍片刻。

3 胡萝卜放入沸水锅中焯熟，捞出，沥水待用。

4 取一个干净的碗，放入淀粉、盐、白糖、醋、生抽，加少许水兑成调味汁，待用。

5 热锅下冷油，油温热后下肉丝迅速炒散，炒至肉色变白后用铲子将肉丝拨在锅边，底油加蒜末、姜末炒香，将肉丝翻炒均匀。

6 加入胡萝卜丝、彩椒丝煸炒1分钟左右。

7 下入玉兰丝和黑木耳丝，大火煸炒片刻。

8 倒入调味汁，快速翻炒至汤汁黏稠即可。

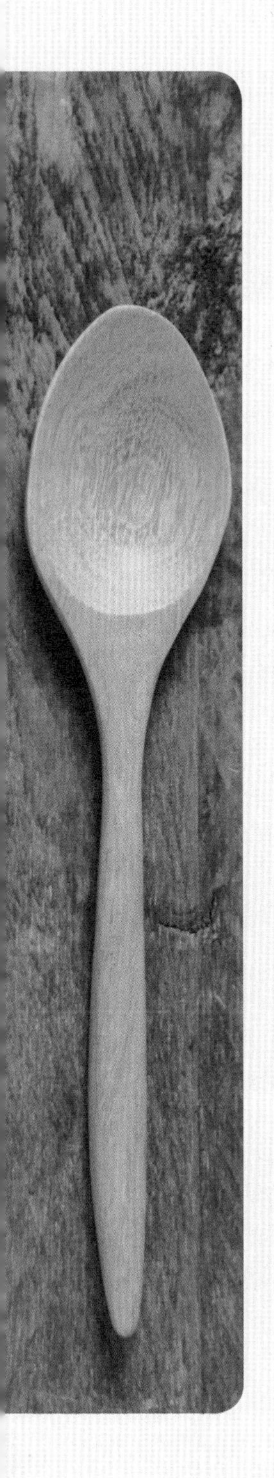

增强抵抗力、促进生长发育

西蓝花炒猪肉片

原料

猪脊肉◎150克
西蓝花◎300克

调料

盐◎4克
鸡粉◎3克
淀粉◎适量
食用油◎适量

做法

1 西蓝花撕成小朵，洗净，待用。

2 猪脊肉切成3毫米左右的片，装入碗中，加入少许鸡粉、淀粉抓匀，腌渍10分钟。

3 将西蓝花下入沸水锅中，加少许盐焯1分钟，捞出，沥干水分待用。

4 锅中注入食用油，烧至六成热，放入肉片炒至变色断生，盛出待用。

5 锅中留少许油烧热，倒入焯好的西蓝花，加入盐、鸡粉翻炒匀。

6 加入肉片，翻炒至肉片熟透。

7 关火，将炒好菜肴盛出装入盘中即可。

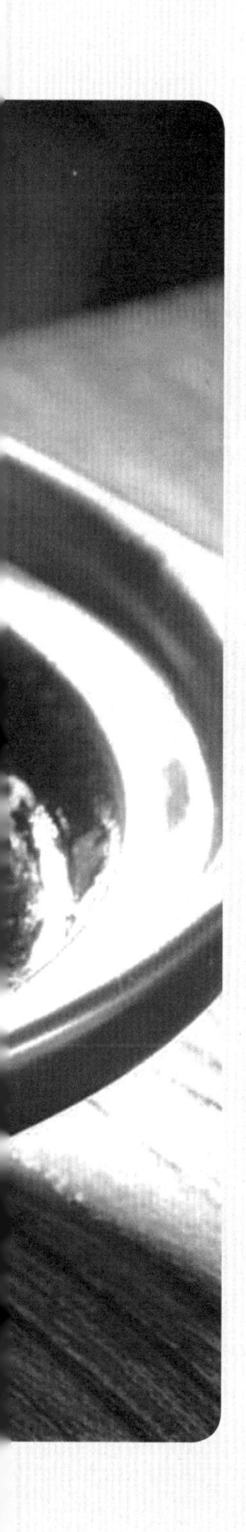

营养功效

健脾益胃、促进新陈代谢

山药焖红烧肉

原料

五花肉◎200克

山药◎90克

红曲米◎适量

葱花◎适量

姜片◎适量

蒜末◎适量

调料

盐◎3克

鸡粉◎3克

白糖◎3克

料酒◎5毫升

生抽◎5毫升

水淀粉◎适量

老抽◎5毫升

食用油◎适量

做法

1 把去皮洗净的山药切开，切条形，再改切成小块；洗净的五花肉切成肉块。

2 用油起锅，倒入肉块，翻炒片刻，放入姜片、蒜末，炒匀炒香，转小火，放入白糖、老抽，炒匀上色。

3 淋入料酒，炒匀，注入适量清水，倒上洗净的红曲米，加盐、鸡粉，炒匀。

4 淋入少许老抽、生抽，加入山药块，翻炒匀，盖上锅盖，煮沸后用小火焖煮约20分钟至食材入味。

5 揭盖，转用大火，煮至汁水收浓。

6 倒入水淀粉，勾芡，撒上葱花即可。

润泽皮肤、强身健体

肉丸子白菜汤

原料

猪肉馅◎300克

小白菜◎300克

鸡蛋◎1个

枸杞◎少许

姜末、葱花◎各少许

调料

盐◎3克

鸡粉◎3克

淀粉◎适量

食用油◎适量

做法

1 小白菜洗净，切成段。

2 取一个干净的碗，放入肉馅，加入葱花、姜末，顺一个放向搅拌匀。

3 加入鸡蛋，继续顺一个方向搅匀。

4 加入适量盐、淀粉，搅至起劲。

5 锅中注入食用油，倒入清水煮沸，将肉馅制成丸子，下入锅中，盖上盖煮5分钟。

6 揭盖，加入盐、鸡粉，放入小白菜、枸杞，继续煮至食材熟透。

7 关火，将煮好的丸子汤盛入碗中即可。

益气补血、抗衰老、厚补肠胃

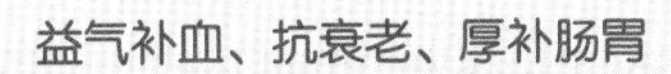

板栗排骨汤

原料

排骨块◎400克
板栗、玉米段◎各100克
胡萝卜块◎100克
姜片◎7克

调料

料酒◎10毫升
盐◎4克

做法

1 砂锅中注入适量清水烧开，倒入处理好的排骨块，加入料酒、姜片，拌匀，用大火煮片刻。
2 撇去浮沫，倒入玉米段，拌匀，用小火煮1小时至析出有效成分。
3 加入洗好的板栗，拌匀，小火续煮15分钟至熟。
4 倒入洗净的胡萝卜块，拌匀，小火续煮15分钟至食材熟透。
5 加入盐，搅拌片刻至入味。
6 关火，将煮好的汤盛出，装入碗中即可。

补钙、促进消化、保护肠胃

滋味萝卜骨

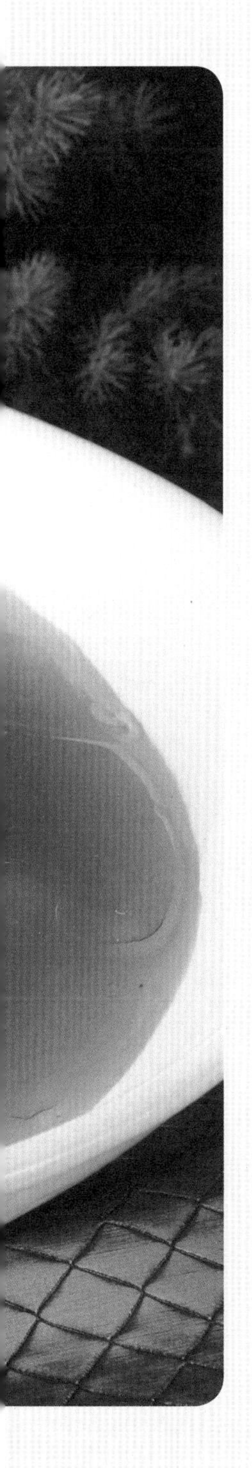

原料

白萝卜◎100克
排骨◎300克
葱花◎适量
蒜末◎适量

调料

盐◎3克
鸡粉◎3克
生抽◎5毫升
食用油◎适量

做法

1 洗净去皮的白萝卜切块，再切片。

2 锅中注入适量的清水，大火烧开，放入排骨，汆煮片刻去除血水，捞出，沥干水分，待用。

3 热锅注油，倒入蒜末爆香，倒入排骨炒匀，加入盐、鸡粉、生抽翻炒至入味。

4 加入适量清水，倒入白萝卜，中火煮30分钟。

5 关火后将煮好的食材盛入碗中，撒上葱花即可。

香橙排骨

原料

猪小排◎500克
香橙◎250克
橙汁◎25毫升

调料

盐◎2克
鸡粉◎3克
料酒◎5毫升
生抽◎5毫升
老抽◎适量
水淀粉◎适量
食用油◎适量

做法

1 洗净的香橙取部分切片。

2 取一个盘，将切好的香橙摆放在盘子周围。

3 将猪小排倒入碗中，加入老抽、部分生抽、料酒，用筷子搅拌均匀，倒入水淀粉，拌匀，腌渍30分钟。

4 将剩余的香橙切去瓤，留下香橙皮，切成细丝，待用。

5 热锅注油，烧至六成热，放入猪小排，炸至表面呈金黄色，捞出，沥干油，放入盘中备用。

6 用油起锅，倒入猪小排，加入料酒、生抽、橙汁，注入适量清水，放入盐、鸡粉，拌匀。

7 加盖，大火煮开后转小火焖4分钟至熟，揭盖，倒入部分香橙丝，翻炒匀。

8 关火后将焖好的排骨盛出，摆放在放有香橙片的盘中，撒上剩余的香橙丝即可。

提高记忆力、增强免疫力

老南瓜粉蒸排骨

原料

去皮老南瓜◎500克
排骨◎400克
蒸肉粉◎100克
蒜末◎适量
葱花◎适量

调料

盐◎2克
鸡粉◎2克
食用油◎适量

做法

1 将洗净的排骨斩块，装入碗中，再放入蒜末，加入适量蒸肉粉，抓匀。

2 放入鸡粉、盐，拌匀。

3 倒入食用油，抓匀。

4 将排骨装入南瓜里，备用。

5 蒸锅上火烧开，放入备好的食材，盖上盖，小火蒸约30分钟。

6 揭盖，把蒸好的排骨取出，撒上葱花即可。

营养功效

滋阴壮阳、益精补血

荷叶糯米粉蒸排骨

原料

排骨◎500克
糯米◎200克
红椒粒◎10克
姜末◎适量
蒜末◎适量
葱花◎适量

调料

老抽◎3毫升
生抽◎5毫升
蚝油◎5克
料酒◎5毫升
盐◎3克
白糖◎2克

做法

1 糯米提前浸泡5～8小时。

2 荷叶用淡盐水浸泡半小时后洗净备用。

3 排骨洗净切成小块，用姜末、蒜末、老抽、生抽、蚝油、料酒、盐和白糖抓匀后腌渍2小时。

4 将腌渍好的排骨放入糯米里，使排骨表面粘满糯米。

5 将洗净的荷叶在蒸笼内摊开，放上糯米排骨，用荷叶将其包裹起来。

6 蒸锅注水，放入排骨，用大火蒸50分钟。

7 揭盖，将蒸好的排骨取出，盛入笼屉中，撒上葱花和红椒粒即可。

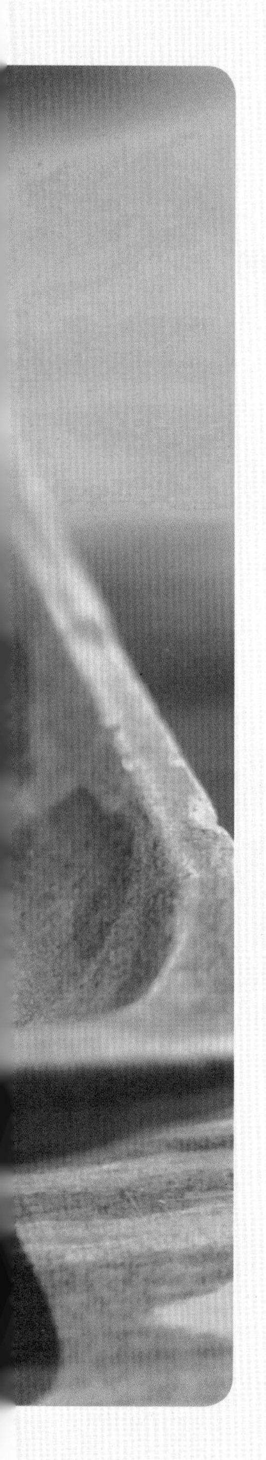

营养功效

补钙、补肾、养血

糖醋小排骨

原料

小排骨◎260克
姜片◎适量
葱段◎适量
熟白芝麻◎少许
八角◎少许
香叶◎少许
桂皮◎少许

调料

盐◎1克
老抽◎5毫升
冰糖◎20克
香醋◎20毫升
料酒◎10毫升
食用油◎适量

做法

1 小排骨用清水浸泡10分钟左右，中途换一次水，以去除血水。

2 碗内加入香醋、料酒、老抽调成料汁，待用。

3 锅中加油，下入沥干水的排骨，用中小火煎炒至表面变黄。

4 加入姜片、葱段、八角、香叶、桂皮、冰糖，略炒。

5 加入适量开水，水量没过排骨，倒入调好的料汁，盖上锅盖，烧开后转小火炖煮40分钟至排骨熟烂。

6 加入盐，转大火开始收汁，待汤汁收浓，撒上熟白芝麻即可。

补中益气、滋养脾胃、强健筋骨

豌豆炒牛肉粒

原料

牛肉◎260克
彩椒◎20克
豌豆◎300克
姜片◎少许

调料

盐◎2克
鸡粉◎2克
料酒◎3毫升
食粉◎2克
水淀粉◎10毫升
食用油◎适量

做法

1 将洗净的彩椒切成条形，改切成丁；洗好的牛肉切成片，再切成条形，改切成粒。

2 将牛肉粒装入碗中，加入部分盐、料酒、食粉、水淀粉，拌匀，淋入部分食用油，拌匀，腌渍15分钟，至其入味。

3 锅中注入适量清水烧开，倒入洗好的豌豆，加入部分盐、食用油，拌匀，煮1分钟，再倒入彩椒，拌匀，煮至断生。

4 捞出焯煮好的食材，沥干水分，待用。

5 热锅注油，烧至四成热，倒入腌好的牛肉，拌匀，炸约半分钟，捞出沥干油，待用。

6 用油起锅，放入姜片，爆香，倒入牛肉，炒匀。

7 淋入料酒，炒香，倒入焯过水的食材炒匀，加入盐、鸡粉、料酒、水淀粉，翻炒均匀。

8 关火后盛出炒好的菜肴即可。

开胃、补铁补血、增强免疫力

卤牛肉

原料

牛肉◎200克
猪骨◎80克
鸡肉◎80克
香茅◎5克
甘草◎10克
砂仁◎10克
桂皮◎1片
八角◎3个
干沙姜◎3个
芫荽子◎10克
丁香◎10克
花椒◎10克
蒜头、红葱头◎各适量
葱结、香菜◎各适量

调料

盐、鸡粉◎各3克
生抽、老抽◎各5毫升
白糖◎8克
食用油◎适量

做法

1 汤锅置于火上，倒入约2500毫升清水，放入洗净的猪骨、鸡肉，盖上盖，用大火烧热，煮至沸腾。

2 揭开盖，捞去汤中浮沫，再盖好盖，转用小火熬煮约1小时。

3 取下锅盖，捞出鸡肉和猪骨，余下的汤料即成上汤。

4 把熬好的上汤盛入容器中备用。

5 把隔渣袋平放在盘中，放入香茅、甘草、桂皮、八角、砂仁、干沙姜、芫荽子、丁香、花椒。

6 炒锅烧热，注入少许食用油，倒入蒜头、红葱头、葱结、香菜，大火爆香。

7 放入白糖，翻炒至白糖溶化，倒入备好的上汤，用大火煮沸，放入香料袋，转中火煮沸。

8 加入盐、生抽、老抽、鸡粉，转小火煮约30分钟，挑去葱结、香菜，即成精卤水。

9 卤水锅上火，大火煮沸，放入洗净的牛肉，拌煮至断生，转用小火卤40分钟至入味。

10 捞出卤好的牛肉，待放凉后切成薄片，摆入盘中即可。

红烧牛肉

原料

牛肉◎100克
白萝卜◎50克
豆瓣酱、姜片、蒜段◎各适量
八角、香叶、香菜◎各适量

调料

冰糖、盐◎各3克
酱油、醋、食用油◎各适量

做法

1 牛肉洗净，切小块，入沸水中汆去血水。
2 白萝卜洗净，切小块。
3 锅中注入适量油，烧至六成热，放入姜片、蒜段爆香，将牛肉块入锅炸3~5分钟，捞起，沥干油待用。
4 蒸锅注入适量清水，放入炸过的牛肉，放入八角、香叶、酱油、醋、冰糖，大火煮沸后转小火炖1.5小时。
5 炒锅烧油，放入豆瓣酱爆炒，将豆瓣酱倒入蒸锅内。
6 牛肉炖足时间后加入白萝卜，再炖30分钟至汤色深红。
7 放盐调味，盛出放上香菜即可。

增强免疫力、强健筋骨

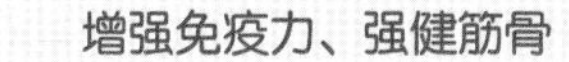

金蒜雪花牛肉粒

原料

黄彩椒◎50克
红彩椒◎50克
杏鲍菇◎100克
牛肉◎150克
大蒜◎适量

调料

盐、鸡粉◎各3克
生抽◎5毫升
水淀粉、食用油◎各适量

做法

1 洗净的牛肉切丁；洗净的黄彩椒切块；洗净的红彩椒切块。

2 热锅注油，放入杏鲍菇，用半煎炸的方式将杏鲍菇煎至两面金黄，捞出控油。

3 锅底留油，倒入大蒜爆香，倒入牛肉炒至转色。

4 倒入黄、红彩椒炒匀，再倒入杏鲍菇翻炒匀。

5 加入盐、鸡粉、生抽炒匀入味。

6 注入适量清水，用水淀粉勾芡。

7 关火后将炒好的牛肉盛入盘中即可。

促进消化、增强免疫力、补铁补血

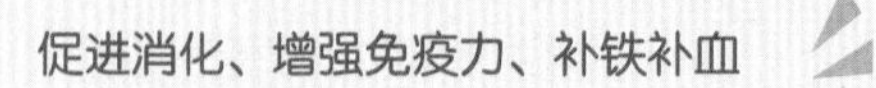

南瓜烩牛肉

原料

南瓜◎1个
牛肉◎300克
胡萝卜◎100克
芹菜◎100克

调料

盐、鸡粉◎3克
料酒◎5毫升
生抽、老抽◎各5毫升
花椒◎少许

做法

1 胡萝卜去皮，切成块；芹菜切成段。

2 南瓜切掉顶部，掏空，做成南瓜盅。

3 牛肉洗去血水，用高压锅压熟，切成块。

4 把胡萝卜、芹菜放入砂锅中，倒入牛肉块，加入水，加入盐、鸡粉、花椒、料酒、生抽、老抽，拌匀，煮沸后续煮约10分钟。

5 把牛肉汤盛入南瓜盅中，盖上保鲜膜，上蒸锅蒸30分钟即可。

补气血、健脾胃

香煎牛肉

原料

黄牛里脊肉◎200克

生菜◎1片

芦笋◎100克

圣女果◎100克

调料

胡椒粉◎3克

黑椒酱汁◎适量

食用油◎适量

做法

1 生菜洗净，装入盘中待用。

2 芦笋洗净；圣女果洗净；牛肉切成长6厘米、宽3厘米、厚0.5厘米的片。

3 平底锅中倒入食用油，放入芦笋和圣女果，煎至熟软，盛入装有生菜的盘中，待用。

4 锅底留油，挤入黑椒酱汁，放入牛肉，撒上胡椒粉，煎至八成熟。

5 将煎好的牛肉盛出，摆放在生菜上即可。

补血养血、强筋壮骨

土豆焖牛腩

原料

牛腩◎500克
土豆◎300克
圆椒◎50克
彩椒◎50克
姜片◎适量
葱段◎适量
香叶◎少许
桂皮◎少许

调料

盐◎3克
生抽◎10毫升
蚝油◎10毫升
老抽◎5毫升
食用油◎适量

做法

1 土豆去皮，切成正方块；圆椒、彩椒切块。

2 牛腩切大块，用清水浸泡去血水，捞出，沥水待用。

3 砂锅内加入食用油，加入葱段、姜片，加入沥水后的牛腩，加入生抽、老抽、蚝油，拌匀。

4 加入水，没过牛肉，放入香叶、桂皮，盖上盖，煮至汤汁沸腾后转中小火炖1小时。

5 当牛腩煮至软烂，加入土豆、圆椒、彩椒，撒上盐，拌匀，盖上盖子，继续炖煮至土豆熟软。

6 关火，将炖好的土豆牛腩装入碗中即可。

营养功效

补气、养血、强筋骨

胡萝卜土豆牛尾锅

原料

牛尾◎500克

胡萝卜、土豆◎各150克

圆白菜◎50克

香叶、桂皮◎各适量

姜片、葱段◎各适量

调料

盐、鸡粉◎各4克

白糖◎5克

生抽、料酒◎各5毫升

做法

1 胡萝卜、土豆均去皮，切滚刀块；圆白菜切块。

2 处理干净的牛尾切小段，放入沸水锅中，加入姜片和料酒焯5分钟，捞出沥水，待用。

3 砂锅中加入适量清水，倒入牛尾，放入葱段、香叶、桂皮，淋入生抽，拌匀，煮开后转中小火续煮半小时。

4 放入土豆、胡萝卜，拌匀，煮约10分钟至食材熟软。

5 倒入圆白菜，加入盐、白糖、鸡粉，拌匀，续煮5分钟至食材入味即可出锅。

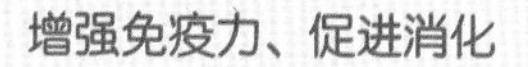
增强免疫力、促进消化

洋葱肥牛饭

原料

肥牛卷◎150克
洋葱◎50克
米饭◎200克

调料

盐◎3克
白糖◎3克
生抽◎5毫升
蚝油◎5毫升
淀粉、食用油◎各适量

做法

1 洋葱切圈。
2 取一个干净的碗，加入生抽、蚝油、白糖、淀粉，再倒入适量水，调成汁备用。
3 肥牛卷入沸水锅中汆去血水，捞出，待用。
4 锅中注油烧热，放入洋葱圈，翻炒片刻。
5 放入肥牛卷，翻炒均匀。
6 倒入调好的酱汁，快速翻炒至入味，用大火收汁。
7 将炒好的肥牛盛入装有米饭的碗中即可。

营养功效

补中益气、滋养脾胃、增强免疫力

西湖牛肉羹

原料

牛肉◎80克

豆腐◎100克

水发香菇◎50克

胡萝卜◎70克

西芹◎40克

蛋清◎适量

姜片◎适量

调料

盐◎2克

鸡粉◎2克

水淀粉◎2毫升

料酒◎5毫升

食用油◎适量

做法

1 洗好的西芹切片；洗净的胡萝卜切段，再切片。

2 洗好的豆腐切开，改切小方块；洗净的香菇切片。

3 洗好的牛肉切片，再切成丝，改切成粒，剁碎，备用。

4 用油起锅，倒入牛肉，翻炒1分钟至变色，盛出装盘待用。

5 另起锅，倒入适量食用油烧热，放入姜片，爆香，放入料酒，加入适量清水，倒入其他切好的食材，炒匀。

6 放入炒好的牛肉，拌匀，煮约5分钟。

7 放入盐、鸡粉，拌匀，倒入水淀粉，炒至食材入味。

8 放入蛋清，快速搅匀，关火，将煮好的菜肴盛入碗中即可。

补脾胃、益气血、强筋骨

海带牛肉汤

原料

牛肉◎150克

水发海带丝◎100克

姜片◎少许

葱段◎少许

调料

鸡粉◎2克

胡椒粉◎1克

生抽◎4毫升

料酒◎6毫升

做法

1 将洗净的牛肉切条形，再切丁，备用。

2 锅中注入适量清水烧开，倒入牛肉丁，淋入少许料酒，拌匀，汆去血水。

3 捞出牛肉，沥干水分，待用。

4 高压锅中注入适量清水烧热，倒入汆过水的牛肉丁，撒上备好的姜片、葱段，淋入少许料酒。

5 盖好盖，拧紧，用中火煮约30分钟，至食材熟透。

6 拧开盖子，倒入洗净的海带丝，转大火略煮一会儿

7 加入生抽、鸡粉，撒上胡椒粉，拌匀调味。

8 关火后盛出煮好的汤料，装入碗中即可。

营养功效

增强免疫力、促进儿童生长发育

鸡胸肉炒西蓝花

原料

鸡胸肉◎100克
西蓝花◎200克
红彩椒◎30克
蒜末◎少许

调料

生抽、老抽◎各适量
盐、胡椒粉◎各适量
淀粉◎适量
食用油◎适量

做法

1 西蓝花洗净切成小朵；红彩椒切小块。

2 鸡胸肉切块，装入碗中，加适量生抽、胡椒粉、淀粉抓匀，腌渍15分钟。

3 热锅加少许底油，放入蒜末、红彩椒爆香，放入鸡胸肉翻炒至变白。

4 放入西蓝花翻炒片刻，加入少许清水，放入盐、老抽翻炒至所有食材熟透。

5 关火，将炒好的菜肴盛入盘中即可。

强身健体、促进消化

鸡肉沙拉

原料

鸡胸肉◎300克
秋黄瓜◎100克
玉米粒◎100克

调料

盐◎2克
料酒◎10毫升
生抽◎10毫升
沙拉酱◎适量

做法

1 秋黄瓜洗净，切成0.5厘米厚的片，再切成条。

2 鸡胸肉切成丁，装入碗中，加入盐、料酒、生抽腌渍15分钟。

3 锅中注水烧开，放入玉米粒，煮熟，捞出沥干水分，再放入鸡肉丁，煮熟，捞出沥干水分。

4 取一个碗，放入秋黄瓜条、鸡肉丁和玉米粒，再挤入沙拉酱，搅拌匀。

5 将拌好的沙拉装入盘中即可。

营养功效

防癌抗癌、增强免疫力

板栗焖鸡

原料

光鸡半只
板栗◎300克
红彩椒◎50克
圆椒◎50克
姜片◎20克

调料

盐◎3克
生抽◎20毫升
老抽◎5毫升
料酒◎20毫升
食用油◎适量

做法

1 光鸡洗净斩成小块；红彩椒、圆椒洗净，切小块；去皮板栗洗净备用。

2 把鸡块倒入沸水锅中，加少许料酒煮沸，汆去血水捞出。

3 起油锅，放入姜片爆香，倒入鸡块炒匀，淋入料酒炒香。

4 倒入板栗、红彩椒、圆椒，炒匀，放入盐、生抽、老抽炒匀，加适量清水煮沸，转入砂锅煮沸，加盖转小火焖20分钟即可。

清热利尿、降血压、增进食欲

圣女果芦笋鸡柳

原料

鸡胸肉◎220克
芦笋◎100克
圣女果◎40克
葱段◎少许

调料

盐◎3克
鸡粉◎少许
料酒◎6毫升
水淀粉◎适量
食用油◎适量

做法

1 洗净的芦笋用斜刀切长段；洗好的圣女果对半切开。

2 洗净的鸡胸肉切片，再切条形，装入碗中，加入少许盐、水淀粉、料酒，搅拌匀，腌渍约10分钟。

3 热锅注油，烧至五成热，放入腌好的鸡肉条，轻轻搅动，使肉条散开。

4 放入芦笋段，拌匀，用小火炸至食材断生后捞出，沥干油，待用。

5 用油起锅，放入葱段，爆香。

6 倒入炸好的材料，放入切好的圣女果，翻炒匀。

7 加入少许盐、鸡粉，淋入适量料酒，炒匀调味，再用水淀粉勾芡。

8 关火后盛出炒好的菜肴，装入盘中即可。

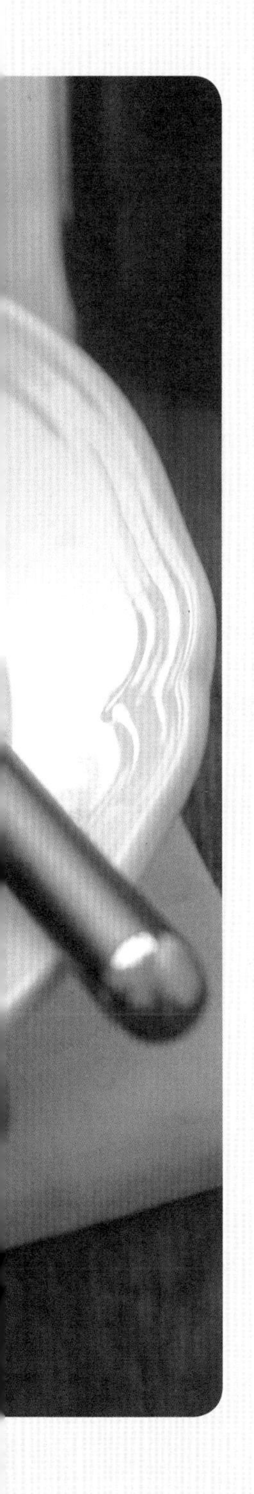

提高免疫力、促进智力发育

鸡肉青菜沙拉

原料

鸡胸肉◎200克
生菜◎200克
面包片◎1块

调料

盐◎3克
生抽◎5毫升
料酒◎5毫升
黑胡椒粉◎少许
食用油◎适量

做法

1 面包片切成小方块；生菜洗净，装入碗中，待用。

2 另取一碗，放入鸡胸肉，加盐、生抽、料酒、黑胡椒粉，拌匀，腌渍半小时。

3 取平底锅，倒入适量食用油烧热，下入面包块，煎至金黄，盛入装有生菜的碗中。

4 锅底留油，放入鸡胸肉，煎熟，煎的过程中不断翻面。

5 将煎好的鸡肉切成小块，摆入碗中即可。

健脾养胃、增强抵抗力

笋子炒鸡

原料

净鸡半只
水发干笋◎200克
青椒◎50克
小米椒◎3根
高汤◎适量
姜末、蒜末◎各少许

调料

盐、生抽、蚝油◎各适量
料酒、食用油◎各适量

做法

1 水发干笋切片；青椒切碎；小米椒切段。

2 鸡肉斩成块，放入沸水锅中汆去血水，捞出沥水，待用。

3 锅中注油烧热，放入姜末、蒜末爆香，放入鸡肉，淋入料酒、生抽，翻炒片刻。

4 加入干笋，翻炒均匀，倒入高汤，盖上盖，煮15分钟至汤汁收浓。

5 揭盖，放入青椒、小米椒翻炒至断生。

6 加入盐、蚝油，快速翻炒至食材入味。

7 关火，将炒好的菜肴盛入碗中即可。

清热解毒、开胃助消化

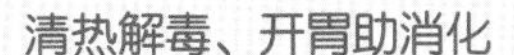

胡萝卜鸡肉茄丁

原料

鸡胸肉◎200克
茄子、胡萝卜◎各100克
蒜片、葱段◎各少许

调料

盐、白糖、蚝油、生抽、水淀粉、料酒、食用油◎各适量

做法

1 洗净去皮的茄子切丁；洗净去皮的胡萝卜切丁。

2 洗净的鸡胸肉切丁，装入碗中，加入少许盐、料酒、水淀粉、食用油，拌匀，腌渍10分钟。

3 用油起锅，倒入腌好的鸡肉丁，翻炒约2分钟至转色，盛出，装盘待用。

4 另起锅，注油烧热，倒入胡萝卜丁，炒匀，放入葱段、蒜片，炒香。

5 倒入茄子丁，炒约1分钟至食材微熟。

6 加入料酒，注入适量清水，加入盐，搅匀，加盖，用大火焖5分钟至食材熟软。

7 揭盖，倒入鸡肉丁，加入蚝油、生抽、白糖，炒约1分钟至入味。

8 关火后将炒好的菜肴盛入盘中即可。

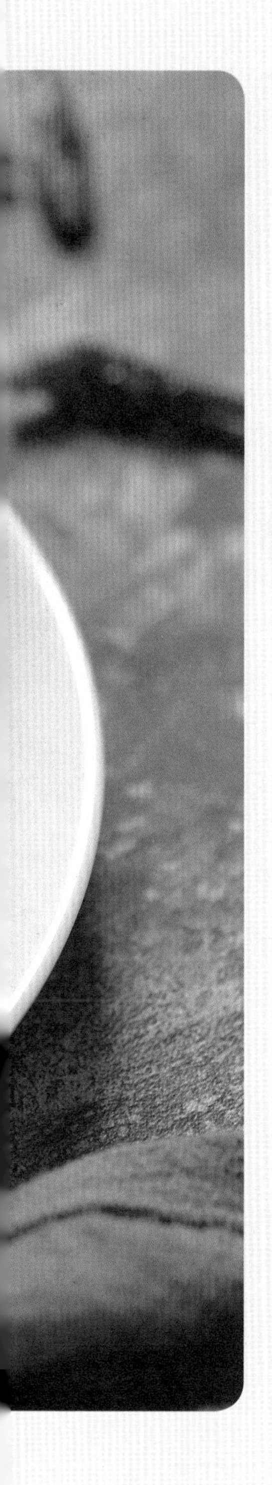

强身健体、益肝明目

宫保鸡丁

原料

鸡胸肉◎250克
黄瓜◎100克
胡萝卜◎100克
熟花生米◎50克
干辣椒◎少许
花椒◎2克

调料

盐◎2克
料酒◎5毫升
生抽◎10毫升
老抽◎5毫升
白砂糖◎10克
香醋◎10毫升
姜汁◎少许
淀粉◎适量
水淀粉◎适量
食用油◎适量

做法

1 黄瓜切成丁；胡萝卜去皮，切成丁。
2 胡萝卜丁倒入沸水锅中焯熟，捞出待用。
3 鸡胸肉切成小丁，加入适量料酒、食用油、盐、淀粉腌渍10分钟，再倒入水淀粉拌匀。
4 取一个碗，调入生抽、老抽、香醋、盐、姜汁、白砂糖和料酒，混合均匀制成调味料汁。
5 锅中注油烧热，放入花椒、干辣椒，用小火煸炸出香味。
6 放入鸡丁，滑炒至变色。
7 放入黄瓜丁和胡萝卜丁，翻炒至熟。
8 调入料汁，再放入熟花生米，快速翻炒均匀。
9 淋入水淀粉勾芡。
10 关火，将炒好的菜肴盛出，装入盘中即可。

促进生长发育

烤鸡翅中

原料

鸡翅中◎500克
熟芝麻◎少许

调料

生抽◎适量
老抽◎适量
蚝油◎适量
料酒◎适量
花椒油◎适量
十三香◎适量
盐◎适量
生姜蓉◎适量
蒜蓉◎适量
蜂蜜◎适量
孜然粉◎适量

做法

1 取一个大碗，放入鸡翅，再放入备好的调料，用手抓匀，封上保鲜膜，放入冰箱冷藏24小时。

2 烤箱200℃预热10分钟。

3 烤盘铺好吸油纸，均匀放上腌渍好的鸡翅。

4 将烤盘放入烤箱，烤15分钟，然后在鸡翅的表面刷一层蜂蜜，继续烤5分钟，翻面，再刷一层蜂蜜继续烤5分钟。

5 将烤好的鸡翅取出装入碗中，撒上熟芝麻即可。

营养功效

强身健体、促进新陈代谢

彩椒炒鸡胸肉

原料

鸡胸肉◎250克
圆椒◎5克
黄彩椒◎50克
红彩椒◎50克
洋葱◎30克
去皮熟花生仁◎少许

调料

盐◎2克
鸡粉◎2克
料酒◎5毫升
生抽◎5毫升
食用油◎适量

做法

1 圆椒、黄彩椒、红彩椒去籽，切块；洋葱切块。

2 鸡胸肉切成丁，装入碗中，放入少许盐、鸡粉，淋入适量料酒、生抽，拌匀，腌渍15分钟。

3 锅中注油烧热，倒入腌好的鸡肉，翻炒至转色。

4 放入圆椒、黄彩椒、红彩椒、洋葱，翻炒至食材熟软。

5 加入剩余盐、鸡粉，炒匀调味。

6 关火，将炒好的菜肴盛出装入盘中，撒上熟花生仁即可。

补肾精、提高免疫力

鸡米花

原料

鸡胸肉 ◎2块

鸡蛋 ◎2个

面包糠 ◎适量

调料

盐◎3克

淀粉◎适量

胡椒粉◎少许

食用油◎适量

做法

1 鸡胸肉洗净，切成大小一致的丁。

2 切好的鸡肉丁装入碗中，加入盐、胡椒粉、鸡蛋清腌渍15分钟。

3 准备好淀粉、鸡蛋液、面包糠，腌好的鸡丁依次沾上淀粉、鸡蛋液，再裹上面包糠。

4 锅中注油，烧至六成热，放入沾有面包糠的鸡丁，炸至表面金黄，捞出沥干油即可。

提高免疫力、促进智力发育

香酥炸鸡块

原料

鸡胸肉◎300克
苦苣◎100克
鸡蛋◎1个
低筋面粉◎少许
面包糠◎少许
姜片◎适量
葱段◎适量

调料

盐◎3克
生抽、料酒◎各10毫升
食用油◎适量

做法

1 苦苣洗净，沥干水分，铺在盘中。

2 鸡胸肉切大块，装入碗中，放入姜片、葱段，淋入料酒、生抽，加入盐，拌匀，腌渍半小时。

3 鸡蛋打入碗中，打散，加入少许低筋面粉，调成面糊，待用。

4 腌好的鸡肉薄薄地拍上一层低筋面粉，再裹上面糊，均匀地沾上面包糠。

5 锅中注油烧至七成热，放入鸡肉块，用小火炸4分钟，再转中火炸1分钟至表面金黄。

6 将炸好的鸡块捞出，沥干油，摆入盘中即可。

增强免疫力、温中益气、健脾胃

玉米胡萝卜鸡肉汤

原料

鸡肉块◎350克
玉米块◎170克
胡萝卜◎120克
姜片◎少许

调料

盐、鸡粉、料酒◎各适量

做法

1 洗净的胡萝卜切开，改切成小块，待用。

2 锅中注入适量清水烧开，倒入洗净的鸡肉块，加入料酒，拌匀。

3 用大火煮沸，汆去血水，撇去浮沫。

4 捞出汆好的鸡肉，沥干水分，待用。

5 砂锅中注入适量清水烧开，倒入汆过水的鸡肉，放入胡萝卜、玉米块，撒入姜片。

6 淋入料酒，拌匀，盖上盖，烧开后用小火煮约1小时至食材熟透。

7 揭盖，放入适量盐、鸡粉，拌匀调味。

8 关火后盛出煮好的鸡肉汤即可。

营养功效

补中益气、养血安神、缓解疲劳

山药红枣鸡汤

原料

鸡肉◎400克

山药◎230克

红枣、枸杞、姜片◎各少许

调料

盐、鸡粉◎各4克

料酒◎4毫升

做法

1 洗净去皮的山药切开，再切滚刀块；洗好的鸡肉切块，备用。

2 锅中注入适量清水烧开，倒入鸡肉块，搅拌均匀，淋入少许料酒，用大火煮约2分钟，撇去浮沫，捞出，沥干水分，装盘备用。

3 砂锅中注入适量清水烧开，倒入鸡肉块，放入红枣、姜片、枸杞，淋入料酒，盖上盖，用小火煮约40分钟至食材熟透。

4 揭开盖，加入盐、鸡粉，搅拌均匀，略煮片刻至食材入味。

5 关火后盛出煮好的汤料，装入碗中即可。

补中益气、养血活血

黑枣炖鸡

原料

鸡腿肉◎160克

排骨◎150克

黑枣◎40克

黄酒◎50毫升

枸杞◎20克

姜片◎少许

葱段◎少许

调料

盐◎1克

做法

1 取一个较深的大碗，放入洗净的鸡腿肉、排骨，加入盐，放入黑枣、姜片、葱段、枸杞，倒入黄酒，封上保鲜膜，待用。

2 电蒸锅注水烧开，放入备好的食材，盖上盖，蒸40分钟至食物熟透入味。

3 揭开盖，取出蒸好的食材，撕去保鲜膜即可。

驱寒暖胃、增强免疫力

花生炖羊肉

原料

羊肉◎400克
花生仁◎150克
葱段◎少许
姜片◎少许

调料

生抽◎10毫升
料酒◎10毫升
水淀粉◎10毫升
盐◎3克
鸡粉◎3克
白胡椒粉◎3克
食用油◎适量

做法

1 洗净的羊肉切厚片，改切成块。

2 沸水锅中放入羊肉，搅散，汆煮至转色，捞出，放入盘中待用。

3 热锅注油烧热，放入姜片、葱段，爆香。

4 放入羊肉，炒香。

5 加入料酒、生抽。

6 注入300毫升的清水，倒入花生仁，撒上盐，大火煮开后转小火炖30分钟。

7 加入鸡粉、白胡椒粉、水淀粉，充分拌匀入味。

8 关火后将炖好的羊肉盛入盘中即可。

营养功效

补益肾脏、温补脾胃、补肝明目

羊肉虾皮汤

原料

羊肉◎150克
虾米◎50克
蒜片◎少许
葱花◎少许
高汤◎适量

调料

盐◎2克

做法

1 砂锅注入高汤煮沸，放入洗净的虾米，加入蒜片，拌匀，盖上盖，用小火煮约10分钟至熟。

2 揭开盖，放入洗净切片的羊肉，拌匀，再次盖上盖，烧开后煮约15分钟至熟。

3 揭盖，加盐，拌匀调味。

4 关火后盛出煮好的汤料，装入碗中，撒上葱花即可。

清热解毒、补气健胃、增强免疫力

五杯鸭

原料

鸭肉块◎500克

八角茴香◎15克

姜片、香菜◎各少许

调料

料酒◎10毫升

生抽、食用油◎各8毫升

白糖◎6克

白醋◎6毫升

鸡粉◎2克

做法

1 热锅注油烧热，倒入八角茴香、姜片，爆香。

2 放入处理好的鸭肉块，煎至两面焦黄。

3 倒入白糖，翻炒均匀至白糖溶化。

4 淋入料酒、生抽，拌匀。

5 放入白醋，翻炒均匀，盖上盖，大火煮开后转小火煮40分钟。

6 揭开盖，加入鸡粉，炒匀调味。

7 关火后将菜肴盛出，装入碗中，放上香菜即可。

营养功效

调节新陈代谢、增强免疫力

鸭肉炒菌菇

原料

鸭肉◎170克
白玉菇◎100克
香菇◎60克
红彩椒◎30克
甜椒◎30克
姜片◎少许
蒜片◎少许

调料

盐◎3克
鸡粉◎2克
生抽◎2毫升
料酒◎4毫升
水淀粉◎适量
食用油◎适量

做法

1 洗净的香菇去蒂，再切片；洗好的白玉菇切去根部；洗净的彩椒切粗丝；洗好的甜椒切粗丝。

2 将处理好的鸭肉切成条，放入碗中，加少许盐、生抽、料酒、水淀粉拌匀，倒入食用油，腌渍约10分钟，至其入味。

3 锅中注入适量清水烧开，倒入香菇，拌匀，煮约半分钟，放入白玉菇，拌匀，略煮片刻，放入红彩椒、圆椒，加少许食用油，煮至断生。

4 捞出焯煮好的食材，沥干水分，备用。

5 用油起锅，放入姜片、蒜片，爆香，倒入腌好的鸭肉，炒至变色。

6 放入焯过水的食材，炒匀。

7 加入盐、鸡粉、水淀粉、料酒，用大火快速翻炒至入味。

8 关火后盛出炒好的菜肴即可。

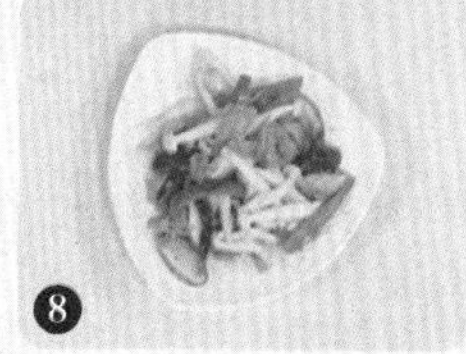

补中益气、健脾胃

莲子炖猪肚

原料

猪肚◎220克
水发莲子◎80克
枸杞、姜片、葱段◎各少许

调料

盐、料酒、鸡粉、胡椒粉◎各少许

做法

1 将洗净的猪肚切开，再切条形，备用。

2 锅中注入适量清水烧开，放入猪肚条，拌匀，淋入少许料酒，拌匀，煮约1分钟。

3 捞出猪肚，沥干水分，待用。

4 砂锅中注入适量清水烧热，倒入姜片、葱段，放入汆过水的猪肚，倒入洗净的莲子、枸杞，淋入少许料酒，盖上盖，烧开后用小火煮约2小时，至食材熟透。

5 揭盖，加入盐、鸡粉、胡椒粉，拌匀，用中火煮至食材入味。

6 关火后盛出煮好的猪肚汤，装入碗中即可。

营养功效

清热解毒、改善贫血、保护眼睛

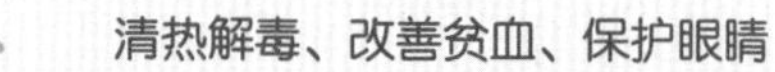

丝瓜虾皮猪肝汤

原料

丝瓜、猪肝◎各85克
虾皮◎12克
姜丝、葱花◎各少许

调料

盐、鸡粉◎各3克
水淀粉、食用油◎各适量

做法

1 将去皮洗净的丝瓜对半切开，切成片，待用。
2 把洗好的猪肝切成片，装入碗中，放入少许盐、鸡粉、水淀粉，拌匀。
3 淋入少许食用油，腌渍10分钟。
4 锅中注油烧热，放入姜丝，爆香，再放入虾皮，快速翻炒出香味。
5 倒入适量清水，盖上盖，用大火煮沸。
6 揭盖，倒入丝瓜，加入剩下的盐、鸡粉，拌匀。
7 放入猪肝，用锅铲搅散，继续用大火煮至沸腾。
8 关火，将煮好的汤料盛入碗中，撒上葱花即可。

PART 3

鲜美水产，
孩子吃了更聪明

营养功效

补钙、保护心血管

腰果虾仁

原料

虾仁◎200克
腰果◎50克
玉米粒◎50克
芹菜◎50克

调料

盐◎2克
料酒◎10毫升
食用油◎适量

做法

1 芹菜切成丁。

2 虾仁洗净，装入碗中，倒入料酒，腌渍15分钟。

3 锅中注入适量清水烧开，分别放入玉米粒和芹菜丁，焯熟，捞出，沥干水分待用。

4 热锅冷油，放入腰果，用锅铲不断翻动至颜色转黄时捞出，放吸油纸上吸干油。

5 锅内放入玉米粒、芹菜丁，再放入虾仁，撒上盐，翻炒至虾仁转色。

6 关火，将炒好的食材摆盘，撒上炸好的腰果即可。

营养功效

增强免疫力、健脑益智

滑蛋大虾球

原料

韭菜◎100克
虾仁◎150克
鸡蛋◎2个
葱花◎适量

调料

盐◎3克
鸡粉◎3克
芝麻油◎5毫升
水淀粉◎适量
食用油◎适量

做法

1 洗净的虾仁由背部切开，装入碗中，加入少许盐、鸡粉，抓匀，再加入少许水淀粉、食用油，腌渍5分钟。

2 锅中加适量清水烧开，放入虾仁，汆至转色，捞出备用。

3 锅中再次注水烧开，加少许盐，注入少许食用油，放入洗净的韭菜，焯至转色，捞出沥水，摆入铺有锡纸的盘中。

4 热锅注油，烧至五成热，倒入虾仁滑油片刻，捞出装盘备用。

5 鸡蛋打入碗中，加盐、鸡粉、芝麻油，打散调匀，倒入虾仁，放入葱花，加入少许水淀粉，搅匀。

6 用油起锅，倒入拌好的虾仁蛋液，小火煎片刻，快速拌炒至熟。

7 关火，将炒好的食材盛入装有韭菜的盘中即可。

蒜香虾球

原料

基围虾仁◎180克
西蓝花◎140克
黑蒜◎2颗

调料

盐◎3克
鸡粉◎2克
白糖◎2克
胡椒粉◎5克
料酒◎5毫升
水淀粉◎5毫升
食用油◎适量

做法

1 洗净的西蓝花切小块；黑蒜切小块。

2 洗好的虾仁背部划开，取出虾线，装入碗中，加入少许盐、料酒、胡椒粉，拌匀，腌渍10分钟至入味。

3 沸水锅中加入少许盐，倒入少许食用油，放入切好的西蓝花，焯煮至断生，捞出，沥干水分，待用。

4 将沥干水分的西蓝花整齐地摆在盘子四周。

5 另起锅注油，放入切碎的黑蒜，倒入腌好的虾仁，翻炒均匀至虾仁微微转色。

6 加入少许清水，放入剩余的盐、白糖、鸡粉，翻炒约1分钟至入味。

7 用水淀粉勾芡，翻炒至收汁。

8 关火后盛出虾仁，放在西蓝花中间即可。

健脾益肾、清热解毒、增强免疫力

玉脂虾

原料

玉米粒◎50克
豌豆◎50克
水发红豆◎60克
水发薏米◎60克
虾仁◎100克

调料

盐◎3克
鸡粉◎3克

做法

1 虾仁去掉虾线。
2 锅内注水，倒入红豆、薏米，用大火煮开后转中火煮30分钟。
3 倒入豌豆、玉米粒拌匀，续煮10分钟。
4 倒入虾仁，煮5分钟。
5 加入盐、鸡粉拌匀。
6 关火，将食材盛入碗中即可。

增强免疫力

香炸虾

原料

鲜虾◎500克
香菜末◎少许

调料

盐◎2克
料酒◎10毫升
食用油◎适量

做法

1 鲜虾去壳，挑去虾线，洗净，装入碗中，撒入盐，淋入料酒，腌渍15分钟。

2 腌渍好的虾穿好，待用。

3 锅中注入适量食用油，烧至七成热，放入虾串，炸至转色，捞出沥油。

4 将虾串摆入盘中，撒上香菜末即可。

助消化、增强抵抗力

菠萝洋葱炒虾仁

原料

虾仁◎300克

菠萝肉◎150克

洋葱◎50克

姜末、蒜末◎各少许

调料

盐◎2克

料酒◎5毫升

甜辣酱◎适量

食用油◎适量

做法

1 菠萝肉切块；洋葱切块。

2 虾仁洗净，剔去虾线，装入碗中，淋入料酒，腌渍15分钟。

3 锅中注油烧热，放入姜末、蒜末，爆香。

4 倒入虾仁，翻炒至转色。

5 放入甜辣酱，倒入菠萝肉、洋葱，翻炒片刻。

6 加入盐，炒匀调味。

7 关火，将炒好的菜肴盛出装入盘中即可。

健脑益智、促进生长发育

香煎鱼肉

原料

鱼肉◎300克
彩椒◎150克

调料

盐◎3克
料酒◎10毫升
生抽◎5毫升
胡椒粉◎少许
辣椒粉◎少许
食用油◎适量

做法

1 彩椒切丁。

2 锅中注入适量清水烧开，倒入少许食用油，撒入少许盐，放入彩椒丁焯熟，捞出沥水，装盘，待用。

3 鱼肉划上一字花刀，装入碗中，抹上少许盐，淋入料酒、生抽，撒上胡椒粉、辣椒粉，腌渍半小时。

4 平底锅注油烧热，放入鱼肉，用中小火煎至表面呈金黄色，翻面，煎熟，煎至两面金黄。

5 将煎好的鱼肉摆入装有彩椒丁的盘即可。

营养功效

补虚劳、健脾胃

三文鱼蔬菜沙拉

原料

三文鱼肉◎150克
紫生菜◎100克
苦苣◎50克
洋葱◎30克
圣女果◎30克
柠檬◎半个

调料

盐◎2克
橄榄油◎适量

做法

1 紫生菜洗净；苦苣洗净；洋葱切圈；圣女果对半切开。

2 将备好的蔬菜摆入盘中，待用。

3 三文鱼装入碗中，撒上少许盐，挤入柠檬汁，腌渍15分钟。

4 平底锅中注入适量橄榄油烧至六成热，放入腌渍好的三文鱼，用中小火煎至九成熟。

5 关火，将煎好的三文鱼装入盛有蔬菜的盘中即可。

提高免疫力、增强体质

鱿鱼丸子

原料

鱿鱼◎120克
花菜◎130克
洋葱◎100克
南瓜◎80克
肉末◎90克
葱花◎少许

调料

盐◎3克
鸡粉◎4克
生粉◎10克
黑芝麻油◎2毫升
叉烧酱◎20克
水淀粉◎适量
食用油◎适量

做法

1 洗净的花菜切块；洗好去皮的南瓜切块；洗净的洋葱剁成末；处理干净的鱿鱼剁泥状。

2 锅中注水烧开，加少许盐、食用油、鸡粉，放入花菜，煮熟，捞出备用。

3 把南瓜倒入沸水锅中煮熟，捞出备用。

4 把鱿鱼肉放入碗中，加入肉末，顺一个方向拌匀，放少许盐、鸡粉、生粉，拌匀，倒入洋葱末拌匀，淋入适量黑芝麻油，撒上少许葱花拌匀制成肉馅。

5 将肉馅挤成肉丸，放入沸水锅中，煮约5分钟至肉丸熟透，捞出。

6 将花菜、南瓜摆入盘中，摆放上肉丸。

7 锅置火上，倒入适量清水，加入适量叉烧酱，搅拌匀，煮沸。

8 放入剩下的盐、鸡粉，拌匀调味，倒入适量水淀粉，调成稠汁，浇在盘中食材上即可。

益智健脑、补肝益脾

姜汁鲈鱼

原料

鲈鱼◎1条
莲藕◎50克
大葱丝◎适量
姜末◎适量

调料

盐◎2克
料酒◎10毫升
姜汁◎10毫升
蒸鱼豉油◎10毫升
食用油◎适量

做法

1 处理好的鲈鱼背上划上一字花刀；莲藕切片。

2 在鲈鱼身上放上料酒、盐，涂抹均匀。

3 蒸锅上火烧开，放上鲈鱼和莲藕，中火蒸10分钟。

4 将蒸熟的鲈鱼取出待用。

5 取一砂煲，将鲈鱼和莲藕摆放好，放上姜末、大葱丝。

6 热锅烧油至五成热，浇在鱼上，再浇上蒸鱼豉油、姜汁即可。

益智健脑、强筋健骨

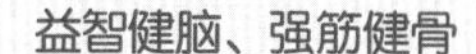

炭烤生蚝

原料

生蚝◎10只

生菜◎50克

粉丝◎适量

朝天椒◎3根

葱花◎适量

调料

盐◎3克

蒜茸◎10克

生抽◎10毫升

柠檬汁◎20毫升

做法

1 粉丝提前泡软；朝天椒切成圈。

2 生菜洗净，沥干水分，摆入盘中待用。

3 锅中注水烧开，放入粉丝，焯熟，捞出过凉水，剪成8厘米长的段，待用。

4 生蚝洗净表面泥沙，用较厚的刀背从蚝壳前端小心翘开，去掉没有蚝肉的一半蚝壳，将另一半带有蚝壳的蚝肉用清水冲洗干净，沥干水分，填入粉丝，待用。

5 取一个小碗，放入朝天椒和葱花，再调入盐、蒜茸、生抽、柠檬汁混合均匀，制成调味汁。

6 生蚝带壳直接放在烧烤架上烤制，待蚝肉表面的汤汁渐干时淋入调味汁，继续烧烤约2分钟。

7 用夹子将生蚝夹出离火，放入装有生菜的盘中即可。

保肝利胆、滋阴益血、益智健脑

韭黄炒牡蛎

原料

牡蛎肉◎400克

韭黄◎200克

彩椒◎50克

姜片◎少许

蒜末◎少许

葱花◎少许

调料

生粉◎15克

生抽◎8毫升

鸡粉◎适量

盐◎适量

料酒◎适量

食用油◎适量

做法

1 洗净的韭黄切成段；洗好的彩椒切成条。

2 把洗净的牡蛎肉装入碗中，加入适量料酒、鸡粉、盐，拌匀，放入生粉，搅拌均匀，待用。

3 锅中注入适量清水，放入牡蛎肉，搅散，汆煮片刻，捞出，沥干水分，待用。

4 热锅注油烧热，放入姜片、蒜末、葱花，爆香，倒入汆过水的牡蛎，翻炒均匀。

5 淋入生抽，炒匀，再倒入适量料酒，炒匀提味。

6 放入彩椒，翻炒匀，再倒入韭黄段，翻炒均匀。

7 加入少许鸡粉、盐，炒匀调味。

8 关火后盛出炒好的菜肴即可。

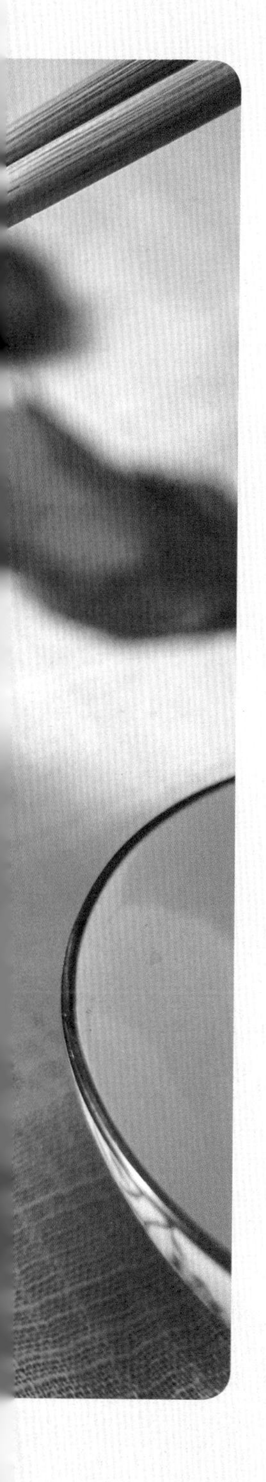

行气和胃、增强体质

紫苏烧鱼

原料

草鱼肉◎500克
紫苏◎30克
蒜片◎适量
姜丝◎适量

调料

盐◎3克
鸡粉◎3克
料酒◎5毫升
老抽◎5毫升
生抽◎10毫升
花椒◎适量
食用油◎适量

做法

1 草鱼肉剁块，装入碗中，加入盐、鸡粉、料酒、生抽腌渍20分钟。

2 锅中注油烧热，放入鱼块，用小火慢煎，煎至微黄

3 放入姜丝、蒜片、花椒，淋入少许生抽、料酒、老抽，注入适量清水，中小火慢炖。

4 待汤汁收半，放入紫苏，继续小火慢烧至汤汁收浓。

5 加入少许盐，拌匀调味。

6 关火，将烧好的鱼肉盛入碗中即可。

营养功效

补阴除烦、益肾利水

炒蛏子

原料

蛏子◎500克
洋葱◎50克
蒜末◎适量
姜末◎适量
葱花◎少许
干辣椒◎3根

调料

料酒◎10毫升
蒸鱼豉油◎10毫升
食用油◎适量

做法

1 蛏子提前用盐水浸泡2小时，吐尽泥沙。

2 洋葱切小块；干辣椒切成段。

3 热锅注油，放入干辣椒、姜末、蒜末爆香。

4 倒入洋葱，快速翻炒至变软。

5 放入蛏子，加入少许料酒和蒸鱼豉油，大火炒至蛏子壳都张开。

6 关火，将炒好的蛏子装入盘中，撒上葱花即可。

促进新陈代谢、健脑、增进视力

板栗黄鳝

原料

鳝鱼◎500克
板栗肉◎300克
姜片◎适量
葱段◎适量

调料

盐◎3克
鸡粉◎3克
料酒◎10毫升
生抽◎5毫升
白糖◎5克
食用油◎适量

做法

1 处理干净的鳝鱼斩去头尾，切成3厘米长的段；板栗肉切块。

2 锅中注入适量清水烧开，放入板栗肉，煮熟，捞出待用。

3 放入黄鳝段焯烫片刻，捞出，用清水洗去黏液和血渍，沥干水分待用。

4 另起锅，注入适量食用油，放入姜片、葱段煸出香味。

5 放入鳝段略煸一会儿，淋入料酒炒香，加少许清水焖烧片刻。

6 加入生抽、白糖、盐，再用小火焖10分钟左右。

7 加入板栗肉，继续用小火焖10分钟，待板栗肉酥烂，汤汁将尽时，加入鸡粉，改用旺火收汁。

8 关火，将菜肴盛出装入盘中即可。

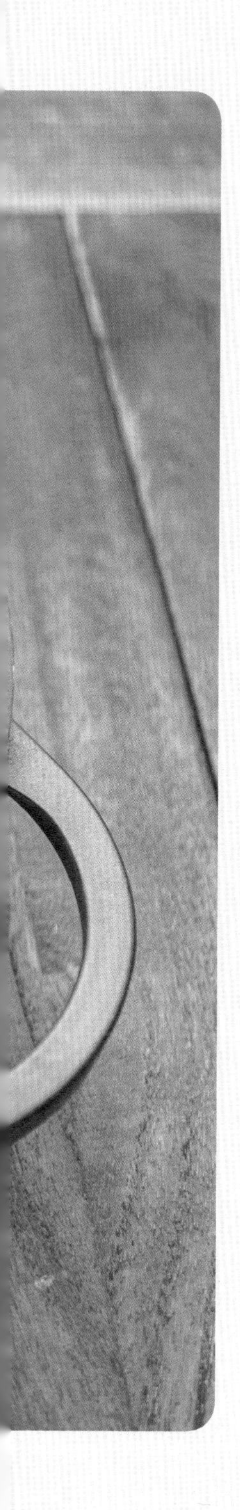

补骨添髓、养筋活血

蟹黄牛肉杂锦煲

原料

螃蟹◎1只
猪瘦肉◎100克
肥牛卷◎100克
水发木耳◎50克
蘑菇◎50克
秋葵◎100克
高汤◎适量

调料

盐◎5克
鸡粉◎3克
料酒◎5毫升
生抽◎5毫升
淀粉◎适量
胡椒粉◎少许

做法

1 螃蟹处理干净；猪瘦肉切片。

2 水发木耳切块；蘑菇洗净；秋葵洗净，切成两段。

3 猪肉片装入碗中，加入少许盐、料酒、生抽、淀粉拌匀，腌渍15分钟。

4 锅中注水烧开，放入肥牛卷，焯至变色，捞出沥水，待用。

5 分别放入蘑菇、木耳、秋葵，焯熟，捞出沥水，待用。

6 另起锅，注入适量食用油烧至六成热，放入腌渍好的猪瘦肉，炸至表面金黄，捞出沥油，待用。

7 砂锅中注入高汤，放入所有食材，煮沸。

8 加入盐、鸡粉、胡椒粉拌匀即可。

提高记忆力、促进食欲

葱油海参

原料

海参◎300克

上海青◎200克

姜末、蒜末、葱段、香菜◎各适量

调料

生抽、老抽◎各3毫升

白糖、水淀粉、食用油◎各适量

做法

1 将海参洗净，切成长条；香菜取香菜根；上海青对半切开。

2 热锅注油，倒入葱段，炸至焦黄捞出，再倒入姜末、蒜末、香菜根，炸至焦黄。

3 将葱油倒入容器中备用。

4 上海青放入沸水锅中焯水，待菜叶变成翠绿后捞出，摆盘。

5 另起锅，依次加入白糖、老抽、生抽，再倒入海参翻炒。

6 加入少许葱油，转小火慢煨，加入水淀粉收汁。

7 将海参盛入装有上海青的盘中即可。

软坚散结、清热解毒

双菇蛤蜊汤

原料

蛤蜊◎150克
白玉菇◎100克
香菇◎100克
姜片◎少许
葱花◎少许

调料

鸡粉◎2克
盐◎2克
胡椒粉◎2克

做法

1 锅中注入适量清水烧开，倒入洗净切好的白玉菇、香菇，倒入备好的蛤蜊、姜片，搅拌均匀，盖上盖，煮约5分钟至食材熟透。

2 揭开盖，放入鸡粉、盐、胡椒粉，拌匀调味。

3 关火后盛出煮好的汤料，装入碗中，撒上葱花即可。

健脾和胃、提高免疫力

老南瓜焖鲍仔

原料

南瓜◎150克
鲍鱼◎100克
葱结◎适量
姜片◎适量
葱花◎适量

调料

蚝油◎5毫升
料酒◎5毫升
生抽◎5毫升
老抽◎5毫升
盐◎3克
鸡粉◎3克
白糖◎3克
水淀粉◎适量
食用油◎适量

做法

1 南瓜去皮切片，装碗。

2 洗净的鲍鱼取下肉质，去除内脏，划上网格花刀；鲍鱼壳洗净，待用。

3 将南瓜放入蒸锅，盖上锅盖，用中火蒸约15分钟至熟，取出转盘，待用。

4 用油起锅，放入葱结、姜片，用大火爆香，放入鲍鱼，炒匀。

5 淋入少许料酒，翻炒香，注入适量清水，加入蚝油，拌炒匀。

6 淋入适量的生抽、老抽，拌匀上色，加盐、鸡粉、白糖调味，炒匀。

7 盖上锅盖，煮沸后转用小火煮15分钟至食材入味。

8 揭盖，挑去葱结、姜片，转用中火，倒入少许水淀粉，炒匀勾芡汁，关火备用。

9 将烧制好的鲍鱼放回鲍鱼壳内，再摆放在蒸好的南瓜上，撒上葱花即可。

PART 4

可口禽蛋、豆制品，孩子百吃不厌

加快新陈代谢、促进生长发育

豆腐炒蔬菜

原料

豆腐◎200克

小白菜◎100克

彩椒◎100克

豆芽◎100克

蒜片◎适量

葱段◎适量

调料

盐◎3克

鸡粉◎3克

食用油◎适量

做法

1 豆腐切成小块；彩椒去籽，切成条。

2 小白菜、豆芽分别洗净，沥干水分。

3 锅中注油烧热，放入蒜片、葱段爆香，放入豆腐，煎至两面金黄。

4 倒入彩椒，翻炒匀。

5 放入小白菜和豆芽，炒至食材熟软。

6 加入盐、鸡粉，快速炒匀调味。

7 关火，将炒好的食材盛入碗中即可。

增强体质、保护肝脏

豆腐狮子头

原料

老豆腐◎155克
虾仁末◎60克
猪肉末◎75克
鸡蛋◎1个
去皮马蹄◎40克
生粉◎30克
木耳碎◎40克
葱花◎少许
姜末◎少许

调料

盐◎3克
鸡粉◎3克
胡椒粉◎2克
五香粉◎2克
料酒◎5毫升
芝麻油◎适量

做法

1 马蹄切块，剁碎。

2 洗净的老豆腐装碗，用筷子夹碎，放入马蹄碎，倒入虾仁末，加入猪肉末，放入木耳碎，倒入葱花和姜末。

3 鸡蛋打散，倒入上述食材中。

4 加入1克盐和1克鸡粉，放入胡椒粉、五香粉和料酒，沿一个方向拌匀。

5 倒入生粉，搅拌均匀制成馅料，手取适量馅料挤出丸子状。

6 将挤出的丸子放入沸水锅中，煮约3分钟，撇去浮沫，加入2克盐和2克鸡粉，搅拌匀。

7 关火后淋入芝麻油，搅匀。

8 将煮好的豆腐狮子头连汤一块装碗即可。

健胃消食、增强免疫力

豆腐炒玉米笋

原料

豆腐◎200克
玉米笋◎150克
豆角◎100克
蘑菇◎50克
红椒◎20克
青菜叶◎少许
姜末◎适量
蒜末◎适量

调料

盐◎3克
鸡粉◎3克
水淀粉◎适量
食用油◎适量

做法

1 豆腐切小块；玉米笋、豆角切斜刀块；红椒切圈。

2 蘑菇、青菜叶洗净。

3 锅中注入适量清水烧开，分别放入玉米笋、豆角、蘑菇焯熟，捞出，沥水待用。

4 另起锅，注入适量食用油烧至六成热，放入豆腐块，炸至表面金黄，捞出，沥油。

5 锅底留油，放入姜末、蒜末爆香，倒入豆腐块、红椒，再倒入焯熟的食材，翻炒匀。

6 倒入青菜叶，炒至食材熟软。

7 加入盐、鸡粉，炒匀调味。

8 倒入水淀粉勾芡。

9 关火，将炒好的菜肴盛出装入盘中即可。

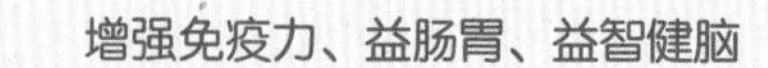

金针菇拌豆干

原料

金针菇◎85克

豆干◎165克

红彩椒、蒜末◎各少许

调料

盐、鸡粉、芝麻油◎各适量

做法

1 洗净的金针菇切去根部；洗好的红彩椒切开，去籽，切细丝；洗净的豆干切粗丝，待用。

2 锅中注入适量清水烧开，放入豆干，搅匀，略煮片刻，捞出，沥干水分，待用。

3 另起锅，注入适量清水烧开，倒入金针菇、红彩椒，拌匀，煮至断生，捞出，沥干水分，待用。

4 取一个大碗，倒入金针菇、红彩椒，放入豆干，拌匀。

5 撒上蒜末，加入盐、鸡粉、芝麻油，拌匀。

6 将拌好的菜肴装入盘中即可。

营养功效

加快新陈代谢、促进发育

酱拌嫩豆腐

原料

嫩豆腐◎300克

红椒丁◎少许

洋葱圈◎少许

葱丝◎少许

调料

黄豆酱◎适量

做法

1 将嫩豆腐切成小方块，装入盘中。

2 将黄豆酱浇在豆腐块上，再撒上红椒丁、洋葱圈和葱丝即可。

通利大肠、增强抵抗力

豆腐沙拉

原料

豆腐◎150克
西蓝花◎100克
红小彩椒◎50克
黄小彩椒◎50克
豌豆◎50克
白洋葱◎50克
紫洋葱◎50克
口蘑◎50克

调料

盐◎3克
鸡粉◎3克
十三香◎适量
食用油◎适量

做法

1 豌豆、口蘑洗净。

2 豆腐切成小方块；西蓝花掰小朵；小彩椒取一部分切成丝，剩余部分对半切开；紫洋葱切块，白洋葱切圈。

3 锅中注水烧开，分别放入豌豆、西蓝花和口蘑，焯熟，捞出沥水，待用。

4 另起锅，注油烧热，放入豆腐块，煎至表面金黄。

5 倒入彩椒、洋葱，翻炒片刻。

6 加入焯熟的食材，快速翻炒均匀。

7 加盐、鸡粉、十三香，炒匀调味。

8 关火，盛出炒好的菜肴，装入盘中即可。

健脑益智、保护肝脏

蟹仔荷包豆腐

原料

肉末◎100克

豆腐◎100克

鸡蛋◎2个

蟹籽◎20克

黑芝麻◎10克

葱末◎适量

调料

盐、鸡粉◎各适量

淀粉◎适量

食用油◎适量

做法

1 将整块豆腐从中间切开，然后切成2毫米左右的薄片。

2 鸡蛋打散，加少许淀粉拌匀待用。

3 肉末中加入葱末、盐、鸡粉拌匀，待用。

4 热锅注油，倒入鸡蛋液摊成蛋皮，盛出，凉凉后切成若干个同样大小的皮蛋。

5 将蛋皮摊开，摆放上豆腐块，中间夹一点肉末，用蛋皮包裹起来，做成若干蛋皮包。

6 蒸锅注水烧开，放入蛋皮包，分别撒上蟹籽和黑芝麻，用中火蒸5分钟。

7 关火后将蒸好的食材取出即可。

补中益气、清洁肠胃

炸豆腐

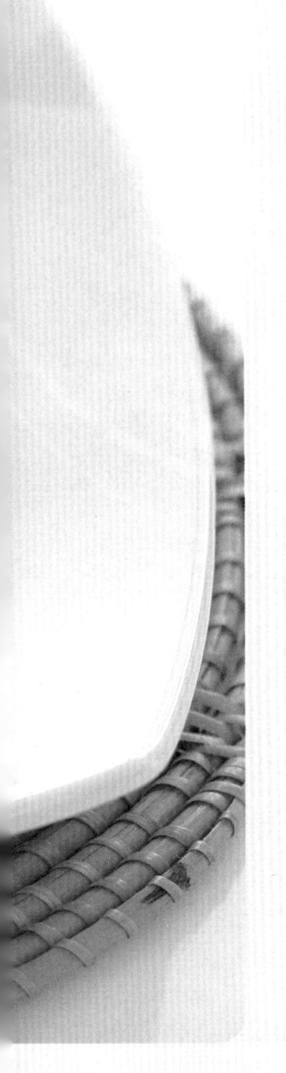

原料

豆腐◎300克

调料

蚝油◎10毫升
生抽◎10毫升
香醋◎5毫升
食用油◎适量

做法

1 豆腐切成小方块。

2 锅中注油烧至六成热，放入豆腐块，炸至表面金黄，炸的过程中不停地翻动。

3 捞出炸好的豆腐块，沥干油，装入盘中，待用。

4 锅底留油，加入蚝油、生抽和香醋调匀，浇在豆腐上即可。

营养功效

清热解毒、健脾和胃

金沙豆花

原料

熟鸭蛋◎1个
豆腐◎150克
豌豆◎50克
蟹棒◎50克
葱花◎适量
姜末◎适量

调料

盐◎3克
鸡粉◎3克
生抽◎5毫
白胡椒粉◎5克
水淀粉◎适量
食用油◎适量

做法

1 洗净的豆腐切成丁；蟹棒切成丁。

2 锅内注水，烧开后倒入豌豆，煮至断生后捞出。

3 熟鸭蛋取蛋黄，压碎，待用。

4 起油锅，中小火爆香葱花、姜末，倒入咸蛋黄煸炒片刻。

5 加入生抽炒匀，加入适量的清水，煮沸后下入豆腐、豌豆、蟹棒，拌匀，煮约2分钟后转小火。

6 撒入白胡椒粉、盐、鸡粉，再慢慢倒入水淀粉，并用锅铲轻推豆腐，使汤汁变得略微黏稠。

7 关火后将煮好的汤盛入碗中即可。

促进消化、增进食欲、补中益气

紫菜豆腐羹

原料

豆腐◎260克
西红柿◎65克
鸡蛋◎1个
水发紫菜◎200克
葱花◎少许

调料

盐◎2克
鸡粉◎2克
芝麻油◎适量
水淀粉◎适量
食用油◎适量

做法

1 洗净的西红柿对半切开，切片，再切小丁块；洗好的豆腐切条形，改切成小方块。

2 鸡蛋打入碗中，打散调匀，制成蛋液，备用。

3 锅中注入适量清水烧开，倒入食用油，放入西红柿，略煮片刻。

4 倒入豆腐块，拌匀。

5 加入鸡粉、盐，放入洗净的紫菜，拌匀，用大火煮1分30秒至食材熟透。

6 倒入水淀粉勾芡，再倒入蛋液，边倒边搅拌，至蛋花成形。

7 淋入芝麻油，拌煮至食材入味。

8 关火后将煮好的食材盛出，装入碗中，撒上葱花即可。

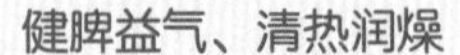

健脾益气、清热润燥

芹菜炒黄豆

原料

熟黄豆◎220克

芹菜梗◎80克

胡萝卜◎30克

调料

盐◎3克

食用油◎适量

做法

1 将洗净的芹菜梗切成小段。

2 洗净去皮的胡萝卜切条形，再切成丁。

3 锅中注入适量清水烧开，加入1克盐，倒入胡萝卜丁，搅拌匀，煮约1分钟，至其断生后捞出，沥干水分，待用。

4 用油起锅，倒入切好的芹菜，翻炒至芹菜变软。

5 倒入焯过水的胡萝卜丁，放入熟黄豆，快速翻炒片刻。

6 加入剩余盐，炒匀调味。

7 关火后盛出炒好的食材，装入盘中即可。

消肿利水、润下消痰

豆腐海带汤

原料

豆腐◎170 克
水发海带◎120 克
姜丝◎适量

调料

盐◎3 克
胡椒粉◎2 克
鸡粉◎3 克

做法

1 将洗净的豆腐切开，改切长条形，再切小方块；海带洗净后切成段，打成结。

2 锅中注入适量清水烧开，撒上姜丝，倒入豆腐块，再放入海带结，拌匀，用大火煮约 5分钟至食材熟透。

3 加入盐、鸡粉，撒上胡椒粉，拌匀，略煮一会儿至汤汁入味。

4 关火后盛出煮好的汤料，装入碗中即可。

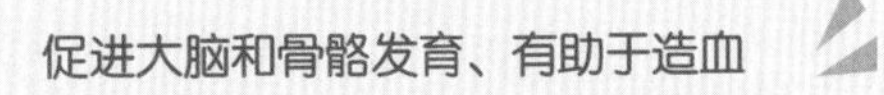

蔬菜蛋黄羹

原料

包菜◎100克

胡萝卜◎85克

鸡蛋◎2个

香菇◎40克

做法

1 洗净的香菇切去蒂，切条形，再切成粒。

2 洗好的胡萝卜切片，再切细条，改切成粒。

3 洗净的包菜切成粗丝。

4 锅中注入适量清水烧开，倒入胡萝卜，煮2分钟，放入香菇、包菜，拌匀，煮至熟软，捞出，沥干水分，待用。

5 鸡蛋磕开，取出蛋黄，装入碗中，注入少许温开水，拌匀，再放入焯过水的材料，拌匀。

6 取一个蒸碗，倒入拌好的材料，待用。

7 蒸锅上火烧开，放入蒸碗，盖上盖，用中火蒸15分钟至熟。

8 揭盖，取出蒸碗，待稍凉后即可食用。

滋补肝肾、强健大脑

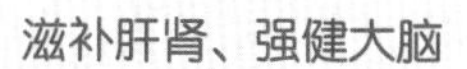

核桃蒸蛋羹

原料

鸡蛋◎2个

核桃末◎适量

调料

红糖◎15克

黄酒◎5毫升

做法

1 取一个玻璃碗，倒入温水，放入红糖，搅拌至溶化。

2 另取一个空碗，打入鸡蛋，打散至起泡。

3 往蛋液中加入黄酒，拌匀，倒入红糖水，拌匀，待用。

4 蒸锅注水烧开，放入处理好的蛋液，盖上盖，用中火蒸8分钟。

5 揭盖，取出蒸好的蛋羹，撒上核桃末即可。

益肝明目、增强免疫力、健脾消食

胡萝卜西红柿鸡蛋汤

原料

胡萝卜◎30克
西红柿◎120克
鸡蛋◎1个
姜丝◎少许
葱花◎少许

调料

盐◎少许
鸡粉◎2克
食用油◎适量

做法

1 洗净去皮的胡萝卜用斜刀切段，再切成薄片；洗好的西红柿对半切开，再切成片。

2 鸡蛋打入碗中，搅拌均匀，待用。

3 锅中倒入食用油烧热，放入姜丝爆香。

4 倒入胡萝卜片、西红柿片，炒匀。

5 注入适量清水，盖上锅盖，用中火煮3分钟。

6 揭开锅盖，加入盐、鸡粉，搅拌均匀至食材入味。

7 倒入备好的蛋液，边倒边搅拌，至蛋花成形。

8 关火后盛出煮好的汤料，装入碗中，撒上葱花即可。

养阴润肺、清心安神

鸡蛋炒百合

原料

鲜百合◎140克
胡萝卜◎25克
鸡蛋◎2个
葱花◎少许

调料

盐、鸡粉、白糖、食用油◎各适量

做法

1 洗净去皮的胡萝卜先切成厚片，再切成条形。
2 鸡蛋打入碗中，加入盐、鸡粉，拌匀，制成蛋液，备用。
3 锅中注入适量清水烧开，倒入胡萝卜，拌匀，放入洗好的百合，拌匀，加入白糖，煮至食材断生。
4 捞出焯煮好的材料，沥干水分，待用。
5 用油起锅，倒入蛋液，炒匀。
6 放入焯过水的食材，炒匀。
7 撒上葱花，炒出葱香味。
8 关火后盛出炒好的菜肴即可。

助消化、生津止渴、清热解毒

西红柿炒鸡蛋

原料

西红柿◎150克
鸡蛋◎2个

调料

盐◎3克
食用油◎适量

做法

1 洗净的西红柿对半切开，再切成小块。
2 鸡蛋打入碗中，搅散制成蛋液。
3 锅中注油烧热，倒入蛋液，快速翻炒至刚好凝固时盛出，待用。
4 锅中留油，放入西红柿，翻炒至出汁。
5 倒入鸡蛋，翻炒匀。
6 放入盐，炒匀调味。
7 关火，将炒好的食材盛出装入盘中即可。

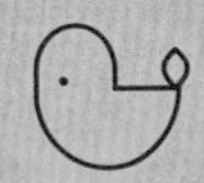

PART 5

健康蔬菜，让孩子伴着菜香长大

开胃消食、润肠通便、增强免疫力

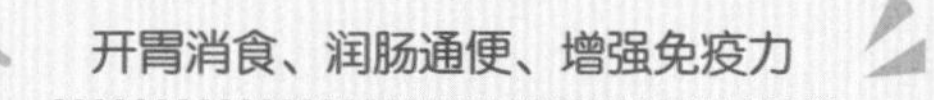

青菜钵

原料

芥菜◎100克

蒜末◎适量

调料

盐◎3克

鸡粉◎3克

生抽◎5毫升

食用油◎适量

做法

1 洗净的芥菜切碎。

2 热锅注油，倒入蒜末爆香。

3 倒入芥菜炒出水分。

4 加入盐、鸡粉、生抽炒匀入味。

5 关火后将炒好的食材盛入碗中即可。

调补肠胃、润肺止咳

蜂蜜蒸老南瓜

原料

南瓜◎400克

鲜百合◎30克

红枣◎20克

葡萄干◎15克

调料

蜂蜜◎45毫升

做法

1 将洗净的红枣切开，去核，再把果肉切成小块。

2 洗净去皮的南瓜切条形，改切成块。

3 取一个干净的蒸盘，放上南瓜块，摆好造型，再放入洗净的百合，撒上切好的红枣，最后点缀上洗净的葡萄干，静置一会儿，待用。

4 蒸锅上火烧开，放入蒸盘，盖上盖，用大火蒸约10分钟至食材熟透。

5 揭盖，取出蒸好的食材，浇上蜂蜜即可。

增强免疫力、养胃生津、清热解毒

奶油娃娃菜

原料

娃娃菜◎300克
枸杞◎5克
鸡汤◎150毫升

调料

奶油◎8克
水淀粉◎适量

做法

1 洗净的娃娃菜切成瓣，装入盘中待用。

2 蒸锅中注入适量清水烧开，放入娃娃菜，盖上盖，用大火蒸10分钟至熟。

3 揭开盖，取出蒸好的娃娃菜，待用。

4 锅置火上，倒入鸡汤，放入枸杞，加入奶油，拌匀。

5 加入水淀粉勾芡。

6 关火后盛出汤汁，浇在娃娃菜上即可。

营养功效

补脾益胃、清心宁神、补血润肤

荷塘三宝

原料

菱角肉◎140克

鲜莲子◎55克

藕带◎85克

红彩椒◎12克

调料

盐、白糖、食用油◎各适量

做法

1 洗净的藕带切小段。

2 洗好的红彩椒切条形，再切成丁。

3 洗净的菱角肉切成小块。

4 锅中注入适量清水烧开，倒入备好的鲜莲子，焯煮约1分钟，去除杂质，再放入切好的菱角肉，拌匀，去除涩味，捞出，沥干水分，待用。

5 用油起锅，倒入红彩椒，炒匀。

6 放入藕带，炒至变软，倒入焯过水的食材，翻炒匀。

7 加入少许盐、白糖，用中火翻炒至食材熟透。

8 关火后盛出炒好的菜肴，装入盘中即可。

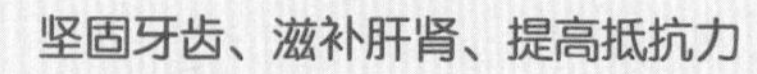

栗焖香菇

原料

去皮板栗◎200克

鲜香菇◎40克

去皮胡萝卜◎50克

调料

盐◎1克

鸡粉◎1克

白糖◎1克

生抽◎5毫升

料酒◎5毫升

水淀粉◎5毫升

食用油◎适量

做法

1 洗净的板栗对半切开。

2 洗好的香菇切十字刀，切成小块状。

3 洗净的胡萝卜切滚刀块。

4 用油起锅，倒入切好的板栗、香菇、胡萝卜，翻炒匀。

5 加入生抽、料酒，炒匀。

6 注入200毫升左右的清水，加入盐、鸡粉、白糖，充分拌匀，加盖，用大火煮开后转小火焖15分钟使其入味。

7 揭盖，用水淀粉勾芡。

8 关火后盛出菜肴，装盘即可。

营养功效

清热提神、促进血液循环

黄瓜生菜沙拉

原料

黄瓜◎85克
生菜◎120克

调料

盐◎1克
沙拉酱◎适量
橄榄油◎适量

做法

1 洗好的生菜切成丝。

2 洗净的黄瓜切成片，再切丝。

3 取一个碗，倒入黄瓜丝和生菜丝，放入盐、橄榄油，搅拌匀。

4 将拌好的沙拉装入盘中，挤上适量的沙拉酱即可。

营养功效

健脾和胃、下气化滞、降压利尿

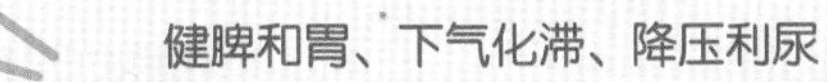

胡萝卜炒木耳

原料

胡萝卜◎100克
水发木耳◎70克
葱段◎少许
蒜末◎少许

调料

盐◎3克
鸡粉◎3克
蚝油◎10克
料酒◎7毫升
水淀粉◎7毫升
食用油◎适量

做法

1 洗净的木耳切成小块；洗净去皮的胡萝卜切成片。

2 锅中注入适量清水烧开，加入少许盐、鸡粉，倒入切好的木耳，淋入少许食用油，搅拌匀，略煮片刻，再放入胡萝卜片，拌匀，煮约半分钟至其断生。

3 捞出焯煮好的食材，沥干水分，待用。

4 用油起锅，放入蒜末，爆香，倒入焯过水的木耳和胡萝卜，快速翻炒匀。

5 淋入少许料酒，炒匀提味，放入蚝油，翻炒至八成熟。

6 加入剩余的盐、鸡粉，炒匀调味，倒入适量水淀粉勾芡。

7 撒上葱段，用中火翻炒至食材熟透。

8 关火，将炒好食材盛出装入盘中即可。

养阴清热、滋补精血

木耳炒百合

原料

水发木耳◎200克
鲜百合◎100克
南瓜◎50克
荷兰豆◎50克

调料

盐◎3克
香油◎少许
食用油◎适量

做法

1 南瓜去皮，切成薄片；荷兰豆择去豆头、豆尾；鲜百合剥瓣。

2 锅中注水烧开，放入少许盐、食用油，倒入木耳，煮3分钟后捞出，浸入冷水中待用。

3 鲜百合、南瓜、荷兰豆也分别入沸水中汆烫，捞出后浸入冷水中待用。

4 炒锅注油烧至七成热，倒入焯好并沥干水的木耳、鲜百合、南瓜和荷兰豆，调入盐，爆炒匀，淋入少许香油，炒匀即可出锅。

消炎、清热、消食

黑木耳炒黄花菜

原料

水发木耳◎100克
黄花菜◎80 克
高汤◎50毫升

调料

盐◎3克
鸡粉◎3克
食用油◎适量

做法

1 水发木耳去除杂质，洗净，切成丝；黄花菜用冷水泡发，去除杂质，洗净，挤去水分。

2 锅中注油烧热，放入木耳、黄花菜煸炒。

3 沿锅边淋入一圈高汤稍焖，调入盐、鸡粉，快速炒均匀。

4 关火后将炒好的菜肴盛出，装入盘中即可。

营养功效

清热解毒、保护血管、增强免疫力

莲藕炒秋葵

原料

去皮莲藕◎250克

去皮胡萝卜◎150克

秋葵◎50克

红彩椒◎10克

调料

盐、鸡粉、食用油◎各适量

做法

1 洗净的胡萝卜切片；洗好的莲藕切片。

2 洗净的红彩椒切片；洗好的秋葵斜刀切片。

3 锅中注水烧开，加入食用油、盐，拌匀，倒入切好的胡萝卜、莲藕，拌匀。

4 倒入秋葵，拌匀，焯煮约2分钟至食材断生。

5 捞出焯好的食材，沥干水，装盘待用。

6 用油起锅，倒入焯好的食材，翻炒均匀。

7 加入盐、鸡粉，炒匀入味。

8 关火后盛出炒好的菜肴，装盘即可。

益智、健脾消食

乳瓜桃仁

原料

乳瓜◎90克

核桃仁◎70克

调料

盐◎3克

鸡粉◎3克

生抽◎5毫升

水淀粉◎适量

食用油◎适量

做法

1 乳瓜切块；核桃仁切块。

2 热锅注油，倒入核桃仁炒匀。

3 倒入乳瓜，炒至断生。

4 加入盐、鸡粉、生抽炒匀。

5 加入适量水淀粉勾芡。

6 关火后将食材盛入盘中即可。

健脾胃、安心神、滋阴补阳

玫瑰山药

原料

去皮山药◎150克

奶粉◎20克

玫瑰花◎5克

调料

白糖◎20克

做法

1 去皮山药切成长段，装入盘中，待用。

2 电蒸锅中注水烧开，放入山药，加盖，调好时间旋钮，蒸20分钟至熟。

3 揭盖，取出蒸好的山药，凉凉，待用。

4 将凉凉的山药装进保鲜袋，倒入白糖，放入奶粉，压成泥状，装入盘中。

5 取出模具，逐一填满山药泥，用勺子稍稍按压紧实，待山药泥稍定型后取出，反扣放入盘中。

6 撒上掰碎的玫瑰花瓣即可。

补脾养胃、生津益肺

山药枸杞

原料

山药◎200克

枸杞◎10克

调料

蜂蜜◎少许

做法

1 山药去皮，洗净，切成丁，装入蒸碗中，再撒上洗净的枸杞，待用。

2 蒸锅上火烧开，放入蒸碗，蒸15分钟至食材熟透。

3 取出蒸碗，淋上少许蜂蜜即可。

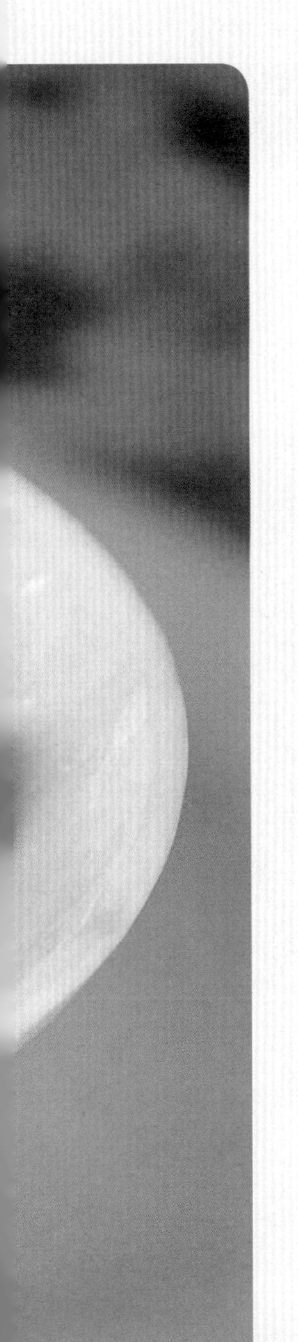

健脾益胃、助消化、通经活络

丝瓜炒山药

原料

丝瓜◎120克
山药◎100克
枸杞◎10克
蒜末◎少许
葱段◎少许

调料

盐◎3克
鸡粉◎2克
水淀粉◎5毫升
食用油◎适量

做法

1 洗净的丝瓜对半切开，切成条形，再切成小块。

2 洗好去皮的山药切段，再切成片。

3 锅中注入适量清水烧开，加入少许食用油、盐，倒入山药片，搅匀，撒入洗净的枸杞，略煮片刻。

4 倒入切好的丝瓜，搅拌匀，煮约半分钟，至食材断生后捞出，沥干水分，待用。

5 用油起锅，放入蒜末、葱段，爆香，倒入焯过水的食材，翻炒匀。

6 加入鸡粉、剩余的盐，炒匀调味。

7 淋入适量水淀粉，快速翻炒至食材熟透。

8 关火后盛出炒好的食材，装盘即可。

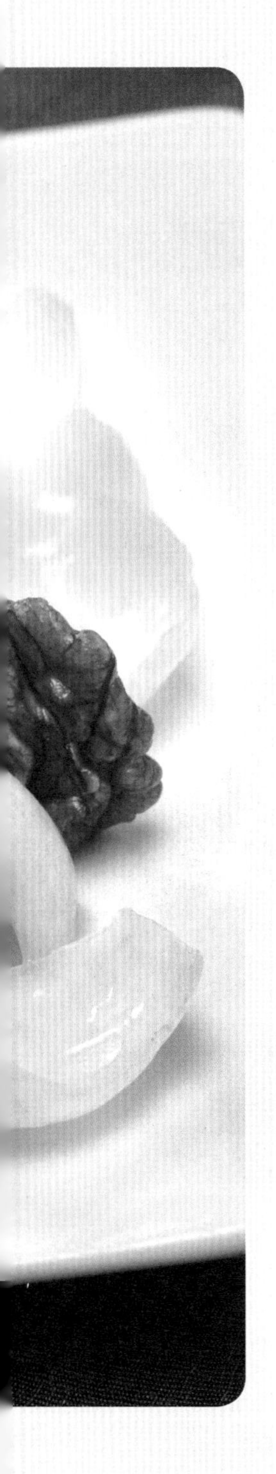

清热利尿、提高免疫力

百合芦笋核桃仁

原料

芦笋◎250克
鲜百合◎50克
核桃仁◎30克

调料

盐◎3克
鸡粉◎3克
食用油◎适量

做法

1 鲜百合掰成片，洗净；新鲜芦笋洗净，切长段。

2 锅中注水烧开，分别放入芦笋、鲜百合焯熟，捞出过凉水，沥干待用。

3 另起锅，倒入食用油烧至六成热，放入核桃仁，用中小火炸香，捞出沥油，待用。

4 锅底留油，放入芦笋翻炒片刻，再放入鲜百合，炒匀。

5 加入盐、鸡粉，炒匀调味。

6 关火，出锅摆盘，撒上核桃仁即可。

温中开胃、润肺强肾、强健筋骨

韭菜炒核桃仁

原料

韭菜◎200克
核桃仁◎40克
红彩椒◎30克

调料

盐◎3克
鸡粉◎2克
食用油◎适量

做法

1 洗净的韭菜切成段；洗好的红彩椒切成粗丝。
2 锅中注入适量清水烧开，加入少许盐，倒入备好的核桃仁，搅匀，煮约半分钟，捞出，沥干水分，待用。
3 用油起锅，烧至三成热，倒入煮好的核桃仁，略炸片刻至水分全干，捞出沥油，待用。
4 锅底留油烧热，倒入彩椒丝，用大火爆香。
5 放入切好的韭菜，翻炒片刻至其断生。
6 加入剩余的盐、鸡粉，炒匀调味。
7 放入炸好的核桃仁，快速翻炒匀。
8 关火后盛出炒好的食材，装入盘中即可。

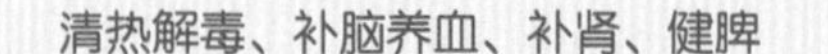

腰果炒空心菜

原料

空心菜◎100克

腰果◎70克

红彩椒、蒜末◎各适量

调料

盐、白糖、鸡粉、食粉、水淀粉、食用油◎各适量

做法

1 洗净的红彩椒切片，改切成细丝。

2 锅中注入适量清水烧开，撒上少许食粉，倒入洗净的腰果，拌匀，略煮片刻，捞出，沥干水分，待用。

3 另起锅，注入适量清水烧开，放入洗净的空心菜，拌匀，煮至断生，捞出，沥干水分，待用。

4 热锅注油，烧至三成热，倒入腰果，拌匀，用小火炸约6分钟，至其散出香味，捞出，沥干油，待用。

5 用油起锅，倒入蒜末，爆香。

6 倒入彩椒丝，炒匀，放入焯过水的空心菜，转小火，加入盐、白糖、鸡粉，炒匀调味。

7 用水淀粉勾芡。

8 关火后盛出炒好的食材，装入盘中，点缀上熟腰果即可。

健脑、防癌抗癌

快乐憨豆

原料

青豆◎300克
猪肉末◎100克
高汤◎1500毫升

调料

盐◎3克
生抽◎5毫升
料酒◎5毫升
水淀粉◎50毫升
食用油◎适量

做法

1 青豆洗净备用。
2 肉末加生抽、料酒、水淀粉拌匀，腌渍片刻。
3 用起油锅，放入肉末，翻炒至变色。
4 倒入高汤，倒入青豆，拌匀，大火煮开，加盖，用小火炖15分钟。
5 揭盖，放入盐拌匀调味。
6 关火后将煮好的菜肴盛入碗中即可。

控制胆固醇、保护心血管

鱼香茄盒

原料

肉末◎110克

茄子◎130克

鸡蛋◎2个

姜末◎适量

葱花◎适量

调料

盐◎3克

鸡粉◎3克

料酒◎5毫升

生抽◎5毫升

五香粉◎5克

甜辣酱◎30克

生粉◎适量

食用油◎适量

做法

1 茄子切下第一刀时不切断，再切一刀切成厚片。

2 肉末中加入姜末、葱花，放入盐、鸡粉、料酒、生抽、五香粉，拌匀制成肉馅。

3 生粉装碗，倒入打散的鸡蛋液，稍稍拌匀，注入少许清水，搅匀成面糊。

4 取适量肉馅塞入茄子片中，制成茄子盒，待用。

5 热锅中注入足量的油，烧至七成热。

6 将茄子盒裹上面糊，放入油锅中，炸约2分钟至茄子盒呈金黄色，捞出盛入盘中，浇上甜辣酱即可。

预防出血、清热解暑、健脑

青豆烧茄子

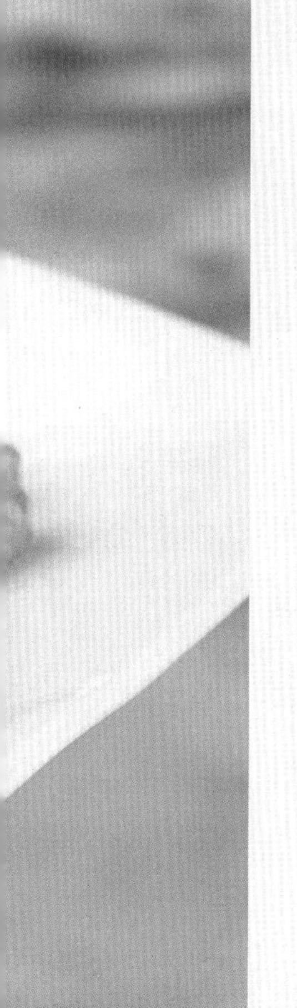

原料

青豆、茄子◎各200克

蒜末、葱段◎各少许

调料

盐、鸡粉◎各2克

生抽、水淀粉、食用油◎各适量

做法

1 洗净的茄子切厚片，再切条形，改切成小丁块。

2 锅中注入适量清水烧开，加入少许盐、食用油，倒入洗净的青豆，搅拌均匀，煮约1分钟，捞出，沥干水分待用。

3 热锅注油，烧至五成热，倒入茄子丁，轻轻搅拌匀，炸约半分钟，至其色泽微黄，捞出，沥干油，待用。

4 锅底留油，放入蒜末、葱段，用大火爆香。

5 倒入焯过水的青豆，再放入炸好的茄子丁，快速炒匀。

6 加入剩余的盐、鸡粉，炒匀调味。

7 淋入少许生抽，翻炒至食材熟软，再倒入适量水淀粉，用大火翻炒至食材熟透。

8 关火后盛出炒好的食材，装入盘中即可。

营养功效

补脾养胃、提高免疫力

圣诞树

原料

西蓝花◎150克
菜花◎150克
圣女果◎50克
黄彩椒◎20克

调料

盐◎3克
鸡粉◎3克
食用油◎少许

做法

1 西蓝花洗净，掰成小朵；菜花洗净，掰成小朵；黄彩椒洗净，切成丝；圣女果洗净。

2 锅中注入适量清水烧开，放入少许盐、鸡粉和食用油，倒入西蓝花、菜花和黄彩椒，焯熟。

3 捞出焯好的食材，过凉水，沥干。

4 取一个干净的盘子，将备好的食材摆放成圣诞树的形状即可。

营养功效

理中益气、补肾健胃

红油青豇豆

原料

豇豆◎300克

蒜末◎适量

调料

盐◎3克

鸡粉◎3克

红油◎适量

食用油◎适量

做法

1 豇豆洗净，切成段。

2 锅中注入适量清水烧开，放入豇豆，焯熟。

3 捞出焯好的豇豆，过凉水，沥干待用。

4 热锅冷油，放入蒜末爆香，放入豇豆煸炒。

5 倒入红油，加入盐、鸡粉，煸炒均匀至入味。

6 关火，将炒好的豇豆整齐地码放在盘中即可。

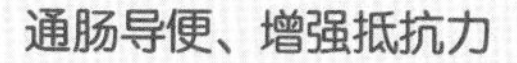

通肠导便、增强抵抗力

清炒菠菜

原料

菠菜◎350克

蒜末◎适量

调料

盐◎3克

鸡粉◎3克

水淀粉◎适量

食用油◎适量

做法

1 菠菜择洗干净，切成3厘米长的段。

2 锅中注入适量清水烧开，放入菠菜，焯1分钟，捞出沥水，待用。

3 炒锅热油，放入蒜末爆香，放入菠菜，翻炒片刻。

4 加入盐、鸡粉，炒匀调味。

5 加入水淀粉勾芡，翻炒均匀后即可出锅。

降低胆固醇、增强免疫力

白灼菜心

原料

菜心◎300克

红彩椒丁◎少许

葱白◎少许

肉松◎少许

高汤◎200毫升

调料

盐◎3克

蚝油、鲜味汁◎各10毫升

水淀粉、食用油◎各适量

做法

1 菜心择洗干净；葱白切葱花。

2 锅中注水烧开，加少量盐、食用油，放入菜心焯1分钟左右。

3 捞出焯好的菜心，沥干水分，码放在盘中。

4 锅内注油烧热，倒入适量蚝油和鲜味汁，加入红彩椒丁和高汤煮至轻微沸腾，勾放少许水淀粉。

5 将红彩椒丁、葱花、肉松码放在菜心上，淋上汤汁即可。

生津止渴、开胃消食、增强免疫力

西红柿烩花菜

原料

西红柿◎100克
花菜◎140克
葱段◎少许

调料

盐、鸡粉◎各2克
番茄酱、水淀粉、食用油◎各适量

做法

1 洗净的花菜切成小块；洗好的西红柿对半切开，切成块

2 锅中注入适量清水烧开，加入少许盐、食用油，倒入切好的花菜，煮1分钟至八成熟，捞出，沥干水分，待用。

3 用油起锅，倒入西红柿，翻炒片刻。

4 放入焯过水的花菜，翻炒均匀。

5 倒入适量清水，加入剩余的盐、鸡粉、番茄酱，翻炒匀，煮1分钟，至食材入味。

6 用大火收汁，倒入适量水淀粉勾芡。

7 放入葱段，快速翻炒均匀。

8 盛出炒好的食材，装入碗中即可。

宽肠通便、解毒消肿

香菇油菜

原料

小油菜◎300克
香菇◎100克

调料

盐◎3克
鸡粉◎3克
生抽◎10毫升
白糖◎5克
水淀粉◎适量
食用油◎适量

做法

1 香菇洗净去蒂，切块；小油菜洗净，对半切开。

2 锅中注入适量清水烧开，加入少许盐、鸡粉、食用油，倒入香菇，焯煮3分钟，捞出。

3 放入小油菜，焯烫1分钟，捞出，沥水装盘。

4 另起锅，淋入少许食用油，加入剩余的盐、鸡粉、生抽、白糖，倒入少许清水，搅拌均匀。

5 倒入香菇，快速翻炒至入味。

6 加入水淀粉勾芡。

7 关火，将炒好的香菇和芡汁一起浇在小油菜上即可。

健脾和胃、益气调中、通利肠道

杂蔬丸子

原料

土豆◎150克
胡萝卜◎70克
香菇◎30克
芹菜◎20克
玉米粒◎120克

调料

盐◎2克
鸡粉◎2克
生粉◎适量
芝麻油◎少许

做法

1 洗净去皮的土豆切片，再切条，改切成小块；洗好的芹菜切碎。

2 洗净的胡萝卜切成薄片，再切成丝，改切成粒；香菇切成薄片，改切成粒。

3 锅中注入适量清水烧开，倒入胡萝卜、香菇，搅拌匀，加入少许盐，焯煮约半分钟，至其断生，捞出，装盘待用。

4 沸水锅中倒入玉米粒，煮约1分钟至其断生，捞出，沥干待用。

5 蒸锅上火烧开，放入土豆块，盖上盖，用中火蒸约10分钟，取出，放凉待用。

6 将放凉的土豆压成泥，装入大碗，放入胡萝卜、香菇，撒上芹菜，加入剩余的盐、鸡粉，淋入芝麻油，拌匀，加入适量生粉，拌至起劲。

7 将土豆泥捏成数个小丸子，沾裹上玉米粒，摆在盘中，待用。

8 蒸锅上火烧开，放入杂蔬丸子，盖上盖，用中火蒸5分钟至熟即可。

促消化、防辐射、美白皮肤

西红柿拌汤

原料

西红柿◎100克

鸡蛋液◎70克

面粉◎180克

香菜◎少许

葱段◎少许

调料

盐◎1克

鸡粉◎1克

胡椒粉◎2克

生抽◎5毫升

食用油◎适量

做法

1 洗净的西红柿对半切开，去蒂，切小块。

2 面粉中分次加入约20毫升清水，拌匀，拌至面疙瘩状，待用。

3 用油起锅，倒入葱段，稍稍爆香，放入切好的西红柿，翻炒数下。

4 加入生抽，注入适量清水至没过西红柿，煮约2分钟至汤汁沸腾。

5 倒入面疙瘩，搅拌均匀，加入盐、鸡粉，搅匀调味。

6 鸡蛋液搅匀，慢慢倒入锅中，煮成蛋花。

7 撒入胡椒粉，搅匀调味。

8 关火后将煮好的汤料盛入碗中，撒上洗净的香菜即可。

利尿、促进血液循环、提高免疫力

香菇扒生菜

原料

生菜◎400克
香菇◎70克
红彩椒◎50克

调料

盐◎3克
鸡粉◎2克
蚝油◎6克
老抽◎2毫升
生抽◎4毫升
水淀粉◎适量
食用油◎适量

做法

1 洗净的生菜切开；洗好的香菇切成小块；洗净的红彩椒切粗丝。

2 锅中注入适量清水烧开，加入少许食用油，放入切好的生菜，搅拌匀，煮约1分钟至其熟软后捞出，沥干水分，待用。

3 沸水锅中再倒入切好的香菇，搅拌匀，煮约半分钟至六成熟后捞出，沥干水分，待用。

4 用油起锅，倒入少许清水，放入焯好的香菇，加入盐、鸡粉、蚝油，淋入适量生抽，炒匀，略煮片刻，待汤汁沸腾。

5 加入少许老抽，炒匀上色。

6 倒入适量水淀粉，快速翻炒一会儿，至汤汁收浓，关火待用。

7 取一个干净的盘子，摆放上焯好的生菜。

8 将锅中的菜肴盛入装有生菜的盘中，撒上彩椒丝，摆好盘即可。

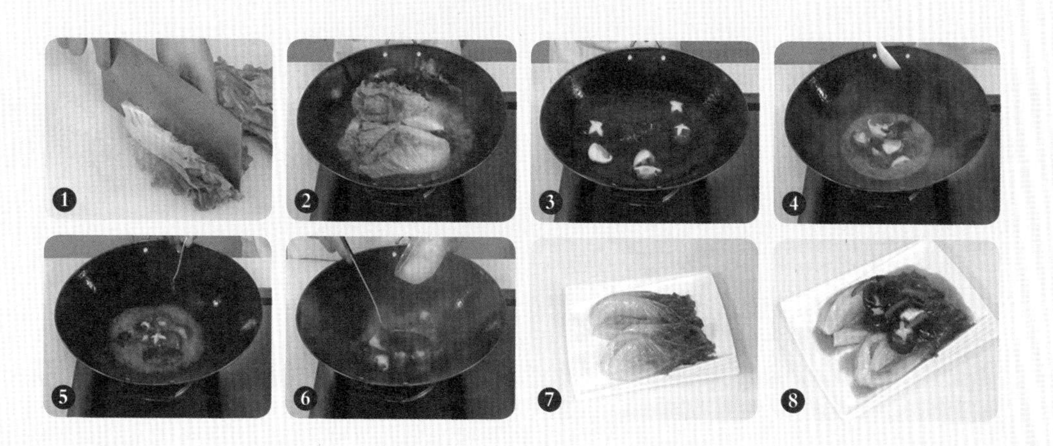

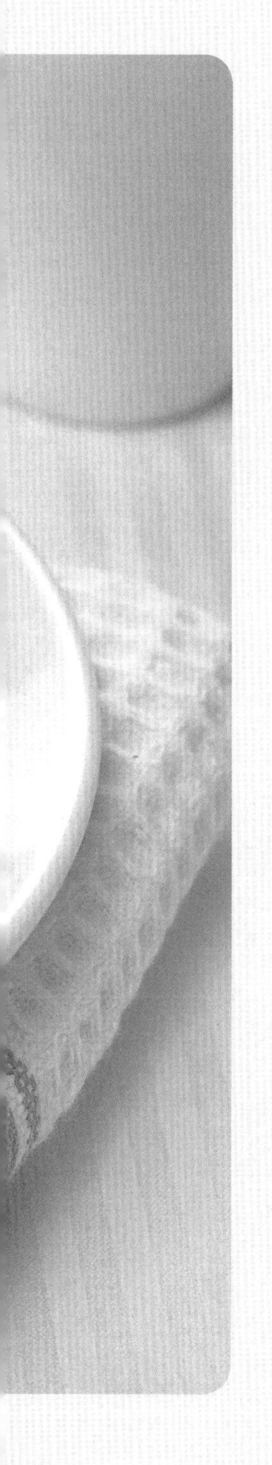

消暑解热、滑肠通便

白果芥蓝

原料

芥蓝◎250克

白果（鲜）◎150克

干辣椒◎少许

调料

盐◎3克

鸡粉◎3克

水淀粉◎少许

食用油◎适量

做法

1 芥蓝洗净，切斜刀块；干辣椒切成圈。

2 锅中注入适量清水烧开，放入少许盐和食用油，倒入芥蓝，汆烫至转色，捞出过凉水。

3 另起锅，倒入适量食用油，放入干辣椒爆香。

4 倒入白果、芥蓝，加入剩余的盐、鸡粉炒匀调味。

5 淋入少许水淀粉勾薄芡。

6 关火，将炒好的白果芥蓝装入盘中即可。

排毒护胃、促进消化

水果沙拉

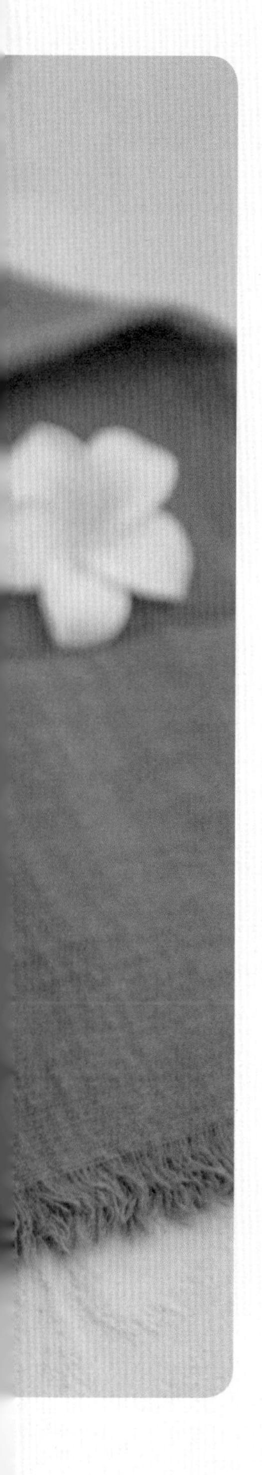

原料

白菜叶◎2片
火龙果◎适量
香蕉◎适量
苹果◎适量
哈密瓜◎适量
圣女果◎适量

调料

沙拉酱◎适量

做法

1 火龙果、香蕉、哈密瓜均去皮，果肉切成小方块。

2 苹果去核，切小方块；圣女果切十字花刀，掰开，做成小花朵状。

3 锅中注水烧开，放入洗净的白菜叶，汆至变色，捞出，沥干水分，摆入碗中，待用。

4 将火龙果丁、香蕉丁、哈密瓜丁、苹果丁和圣女果码入碗中。

5 挤上适量沙拉酱即可。

营养功效

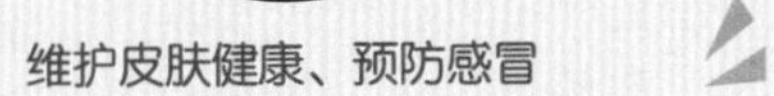

维护皮肤健康、预防感冒

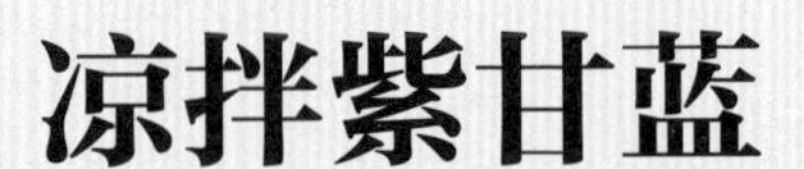

凉拌紫甘蓝

原料

紫甘蓝◎200克

胡萝卜◎50克

香菜◎少许

调料

生抽◎适量

香醋◎适量

盐◎适量

芝麻油◎适量

做法

1 紫甘蓝洗净切丝；胡萝卜洗净，去皮切成细丝；香菜切碎。

2 紫甘蓝、胡萝卜丝装入碗中，撒上少许香菜碎，加入生抽、香醋、盐、芝麻油搅拌均匀，装入碗中即可。